Über Schwerlast-Drehkrane im Werft- und Hafenverkehr.

Von

Dr.-Ing. **Eugen Schürmann**
aus Düsseldorf.

München und **Berlin.**
Druck und Verlag von R. Oldenbourg.
1904.

Inhaltsverzeichnis.

Über Schwerlast-Drehkrane im Werft- und Hafenverkehr.

Die natürliche Folge der grofsartigen Entwicklung der heutigen Schiffsbau-Industrie und der stets wachsenden Abmessungen der neueren Handels- und Kriegsschiffe war die entsprechende Vervollkommnung aller dem Werft- und Hafenverkehr dienenden Hebezeuge, insbesondere aber die weitere Ausgestaltung der standfesten Drehkrane für grofse Lasten. Da die Frachten mittlerer Gröfse, die im Lösch- und Ladeverkehr weitaus am häufigsten vorkommen, von den grofsen Dampfern durch eigene an Bord befindliche Krane befördert werden, so sind hierzu besondere Hebezeuge kaum mehr erforderlich. Eine Ausnahme besteht selbstverständlich für Massengüter, die durch besondere Hebevorrichtungen (Kohlenkippen usw.) verladen werden müssen, und ferner für Segelschiffe, die, wenn sie keine eigene Kraft an Bord haben sollten, für den Verladebetrieb ebenfalls auf anderweitige Hebezeuge angewiesen sind.

Sehen wir von den selten vorkommenden schweren Einzelfrachten ab, so werden also die hier zu behandelnden Drehkrane grofser Tragkraft eigentlich nur noch bei Beförderung von Schiffsteilen an Bord und umgekehrt Verwendung finden und demnach ihren Standort hauptsächlich auf Werften, an Docks und Reparaturbecken haben. Dieses Verwendungsgebiet bedingt verschiedene Forderungen, einmal bezüglich der Tragfähigkeit und dann auch bezüglich der Ausladungen und der übrigen Abmessungen.

Nehmen wir an, daſs die u n t e r e Grenze für Schwerlasten durch
das Gewicht der am Heck eines groſsen Schnelldampfers befindlichen Schiffsteile gebildet wird, also durch das Einzelgewicht
von Ruder, Schraubenflügeln, Naben, Schraubenwellen usw. und
die o b e r e Grenze durch das Gewicht der schwersten überhaupt
zu verladenden Teile, wie eiserne Masten, Maschinenteile, Kessel,
Panzerplatten, Geschützrohre usw., so ergeben sich Gewichte
von etwa 35—135 t, indem 35 t das Gewicht der schwersten beim
Norddeutschen Lloyd vorhandenen Schraubenwelle ist, nämlich
die vom Schnelldampfer »Kaiser Wilhelm der Groſse«, und wo
135 t nach Angabe der Firma Krupp das Gewicht des schwersten
Geschützrohres vorstellt. Da Deutschland zurzeit die gröſsten
und schnellsten Handelsdampfer der Welt mit den gröſsten
Maschineneinheiten hat und auch wohl in der Armierung seiner
Kriegsschiffe von keiner anderen seefahrenden Nation übertroffen
wird, so können diese Zahlen als allgemein gültig angesehen
werden.

Um für alle Fälle gesichert zu sein und die voraussichtliche
weitere Gewichtszunahme der schweren Schiffsbauteile für die
nächste Zukunft von vornherein genügend zu berücksichtigen,
wollen wir in Anlehnung an bekannte praktische Ausführungen
50 t als die untere und 150 t als die obere Grenze für die Tragfähigkeit der hier zu untersuchenden Schwerlastkrane betrachten.

Da bei einem im Dock befindlichen Schiffe auf eine direkte
senkrechte Förderung von Schiffsteilen der unteren Lastgrenze
wegen des stark überkragenden Hecks der neueren groſsen
Dampfer doch verzichtet werden muſs, so wird für die kleineren
Schwerlastkrane von 50 t eine Ausladung von 15 m vollkommen
genügen. Aber auch die Höhe des Auslegerkopfes, bzw. der
Laufkatzenfahrbahn, über Kaikante braucht der Last entsprechend
verhältnismäſsig nur klein zu sein, weil die zu fördernden Schiffsteile sämtlich unter Wasserlinie liegen und der Kran nicht über
hohe Schiffsaufbauten hinwegzuschwenken braucht. Dementsprechend kommen wir mit einer Höhe über Kaikante von 15 m
reichlich aus.

Die gröfseren Lasten befinden sich meist im mittleren Teile des Schiffes. Die zugehörige Ausladung wird man daher so grofs wählen müssen, dafs sie noch etwas über die Mitte der breitesten Schiffe hinausragt. Die gröfsten Schiffsbreiten betragen aber bis heute bei Handelsdampfern rund 22 m und steigen bei Kriegsschiffen bis zu 24 m; entschliefsen wir uns also für eine gröfste Gesamtausladung von 25 m für 150 t Nutzlast, so wird bei einer gleichzeitigen geringsten Nutzausladung von etwa 16 m, wie sie die Drehscheiben- und heutigen Hammerkrane ergeben, der Lasthaken also noch um rund 5 m, bzw. 4 m, über die Mitte der gröfsten Schiffe hinausragen. Damit ist dann auch einem weiteren Anwachsen der Schiffsbreiten, wie es für die kommenden Jahrzehnte wahrscheinlich zu erwarten ist, Rechnung getragen und abgesehen hiervon dem Kran eine genügende Leistungsfähigkeit insofern gesichert, als das zeitraubende Verholen der Schiffe beim Fördern der Höchstlasten dann wohl nie erforderlich sein wird.

Bezüglich der gewählten Ausladung würde dann selbst der Hammerkran der Kruppschen Germaniawerft übertroffen, der für seine gröfste Last von 150 t eine Ausladung von 22,75 m gestattet.

Die gröfste Auslegerkopfhöhe, bzw. Höhe der Fahrbahn über Kaikante, ergibt sich für die gröfste der hier zu behandelnden Schwerlastkrane aus der Forderung, dafs sie zum mindesten über die Decksaufbauten und Schornsteine eines völlig entleerten grofsen Schiffes bei höchstem Wasserstande hinwegschwenken können; die Masten kommen hierbei weniger in Frage, da sie wegen ihres grofsen Abstandes nur selten der Schwenkbewegung hinderlich sind. Aus dieser Überlegung ergibt sich eine Auslegerkopf-, bzw. Fahrbahnhöhe, von etwa 35 m.

Weil wir jede der hier zu besprechenden Krantypen für drei verschiedene Belastungen, Ausladungen und Höhen untersuchen wollen und die untere und obere Grenze hierfür schon festgelegt haben, so werden wir zweckmäfsig für die noch fehlenden mittleren Krane auch mittlere Werte annehmen, also 100 t Tragfähigkeit bei 20 m Ausladung und 25 m Auslegerkopf-, bzw. Fahrbahnhöhe, über Kaikante.

Hiermit sind die Hauptabmessungen für je drei Krane der sämtlichen hier zu behandelnden Typen festgelegt; es ist also, auf Grund der im vorhergehenden erwähnten praktischen Forderungen, mit wachsender Tragkraft auch eine gleichzeitig wachsende zugehörige Ausladung und Kranhöhe angenommen worden. Anderseits aber wurde bei den Kranen mit veränderlicher Ausladung, entgegen den neuesten praktischen Ausführungen, davon Abstand genommen, die Ausleger so grofs zu bemessen, dafs kleinere Lasten in noch g r ö f s e r e r als der Höchstlast-Ausladung gehoben werden können. Diese gröfseren Ausleger haben zweifellos grofsen praktischen Wert. Wenn dennoch in vorliegender Arbeit darauf keine Rücksicht genommen wurde, so geschah es, weil sonst die Krane mit unveränderlicher Ausladung kaum mehr mit den übrigen Drehkranen, die dann eine zu unverhältnismäfsig gröfsere Leistungsfähigkeit besitzen würden, zweckmäfsig an Hand von Beschleunigungsdiagrammen hätten verglichen werden können. Krane solcher Art aber hier noch besonders zu untersuchen, ging über den beabsichtigten Umfang dieser Arbeit hinaus. Nach dem Vorbilde des 150 t-Hammerkrans der Kruppschen Germaniawerft in Kiel wurde ferner bei den Kranen mit veränderlicher Ausladung die Laufkatze jedesmal mit vollständigem Hub- und Fahrwerk angenommen.

Wie schon bemerkt, sollen hier je drei Krane von jedem Typ untersucht werden; diese Typen sind:

    1. Drehscheibenkrane (alte Form; Taf. I, Fig. 1),

    2. Drehscheiben-T-Krane (neue Form; Taf. I, Fig. 2),

    3. Hammerkrane (Taf. I, Fig. 3),

    4. Derrickkrane (Taf. I, Fig. 4 und 5).

Dem heutigen Stand der Praxis entsprechend wurde durchweg elektrischer Antrieb vorausgesetzt.

Folgende tabellarische Übersicht zeigt mit den schon früher, festgelegten Hauptabmessungen der Krane auch die wichtigeren teils auf zeichnerischem Wege ermittelten Werte:

Längen in Metern, Gewichte in Tonnen.

Q (Q)	a (max)	a min	h (min)	h max	l	d	b	f

Schwerlast-Drehkrane mit unveränderlicher Ausladung:

1. Drehscheibenkrane (alte Form):

Q (Q)	a (max)	a min	h (min)	h max	l	d	b	f
50 (65)	15	—	15	—	4,5	7	—	—
100 (135)	20	—	25	—	6,5	10	—	—
150 (200)	25	—	35	—	8	13	—	—

Schwerlast-Drehkrane mit veränderlicher Ausladung:

2. Drehscheiben-T-Krane (neue Form):

Q (Q)	a (max)	a min	h (min)	h max	l	d	b	f
50 (65)	15	4,5	15	—	5	7	—	—
100 (135)	20	7	25	—	9	10	—	—
150 (200)	25	13	35	—	14	13	—	—

3. Hammerkrane:

Q (Q)	a (max)	a min	h (min)	h max	l	d	b	f
50 (65)	15	4,5	15	—	8	4	12	7
100 (135)	20	7	25	—	11	5,5	20	10
150 (200)	25	13	35	—	14	7	29	13

4. Derrickkrane:

Q (Q)	a (max)	a min	h (min)	h max	l	d	b	f
50 (65)	15	9,5	15	19,5	—	—	11	10
100 (135)	20	12	25	30,5	—	—	19	17
150 (200)	25	15,5	35	40,5	—	—	23	20

Hierin bedeutet:

Q = Nutzlast.

(Q) = Probelast = rd. $^4/_3$ Q.

$a_{(max)}$ = Gröfste Ausladung der Last Q.

a_{min} = Kleinste Ausladung der Last Q.

$h_{(min)}$ = Kleinste Höhe des Auslegerkopfes, bzw. der Fahrbahn, über Kaikante.

h_{max} = Gröfste Höhe des Auslegerkopfes über Kaikante.

l = Schwerpunktsabstand des Gegengewichts von der Schwenkachse.

d = Durchmesser der Drehscheibe, bzw. des Halsrollenlagers.

b = Höhe des Halsrollenlagers, bzw. des oberen Halslagers, über Kaikante.

f = Mafs für die Entfernung der Füfse des Stützgerüstes.

Zugrunde gelegt wurden ferner folgende auf die gröfste Ausladung bezogenen Geschwindigkeiten/Min., die — wie eine Zusammenstellung zahlreicher Ausführungen ergab — für normale Fälle als die obere Grenze der bisher praktisch noch verlangten Geschwindigkeiten anzusehen sind:

Trag- kraft	Heben		Schwenken		Fahren		Wippen	
	v	v_0	v	v_0	v	v_0	v	v_0
50 t	2	3,4	24	29	12	17	1	1,3
100 t	1,75	3,0	30	36	10	14	0,7	0,91
150 t	1,5	2,55	36	43	8	11	0,5	0,65

Hierbei wurde angenommen, dafs die Geschwindigkeit v_0 bei Nullast folgende Gröfse hat:

Heben $v_0 = 1{,}7\ v$;

Schwenken $v_0 = 1{,}2\ v$;

Fahren $v_0 = 1{,}4\ v$;

Wippen $v_0 = 1{,}3\ v$.

Die Winkelgeschwindigkeit der Schwenkbewegung bei Höchstlast beträgt bei allen diesen Kranen rund

$$0{,}025 \; 1/\text{sek}.$$

Zum Vergleich der verschiedenen Krantypen könnten wir beispielsweise den Arbeitsaufwand für den Fall berechnen, daſs in einer bestimmten Zeit ein und dieselbe Last auf dem vorteil-haftesten Wege bis zu einem vorgeschriebenen höchsten Punkte gefördert und dann auf kürzestem Wege nach ihrem Endziel gesenkt wird. Da es sich hier auch um Krane mit unveränder-licher Ausladung handelt, so ist es klar, daſs der genannte höchste Punkt sowohl, wie das Endziel der Last auch für alle hier zu vergleichenden Krane erreichbar sein muſs. Würden wir annehmen, daſs der mittlere Arbeitsaufwand für die Weg-einheit der Last bei allen diesen Kranen gleich groſs ist, so wären natürlich von vornherein die Krane, die den kürzesten Lastweg gestatten, auch in Hinsicht auf den kleinsten Gesamt-arbeitsaufwand im Vorteil.

Dabei ist allerdings Voraussetzung, daſs wir uns mit der-jenigen Beschleunigung begnügen, die die unter summarischer Berücksichtigung aller Begleitumstände berechnete Kraft zu er-zeugen imstande ist.

In Wirklichkeit liegen diese Verhältnisse aber natürlich wesentlich anders, sie sind meistens sehr verwickelter Natur und Genaueres könnte nur durch praktische Versuche mit Sicherheit festgestellt werden. Wir helfen uns daher für unsere vergleichen-den Untersuchungen dadurch, daſs wir jede Bewegungsart für sich betrachten. Wir trennen also die häufig gleichzeitigen Be-wegungen des Hebens, Schwenkens und Fahrens, bzw. Wippens, und stellen jedesmal besondere Diagramme dafür auf.

Im allgemeinen können wir annehmen, daſs die Krane, die in der Beschleunigungszeit die geringsten Kräfte benötigen, auch durchschnittlich einen kleineren Kraftverbrauch zeigen, da ja die gröſseren Beschleunigungskräfte — und diese kommen hierbei vor allem in Frage — nur von gröſseren Massen her-rühren können, und die gröſseren Massen wiederum auch wohl immer gröſsere statische Widerstände bedingen.

Wir werden also die wirklichen Verhältnisse im allgemeinen mit hinreichender Genauigkeit berücksichtigen, wenn wir ins-besondere die (statischen und dynamischen)

Widerstände der Anlaufzeit
für die folgenden Untersuchungen benutzen.

Die Anlaufzeit wurde bei den Hub-, Lauf- und Wippwerken zu 2 Sek., bei den Schwenkwerken zu 3 Sek. unter Voraussetzung gleichförmiger Beschleunigung angenommen. Obwohl diese Beschleunigungszeiten, und namentlich die für das Kranschwenken, verhältnismäfsig klein bemessen sind, so ergeben sich doch durchweg Motorstärken, wir wir sie auch bei entsprechenden praktischen Ausführungen finden. Aber abgesehen davon, liefert eine kürzere Beschleunigungszeit auch gröfsere Anfahrwiderstände und damit auch gröfsere Diagramme, die infolgedessen — und darauf kommt es uns hier ja an — besser miteinander verglichen werden können.

Der Windwiderstand wurde bei Berechnung sämtlicher Diagramme unberücksichtigt gelassen. Bei den Kranen mit T-förmigem Ausleger ist natürlich dieser Widerstand verhältnismäfsig am geringsten, weil durch die Gegengewichtsausleger, die hier bedeutend gröfser sind als bei den alten Drehscheibenkranen, eine ausgleichende Windangriffsfläche geschaffen ist.

Bei den Derrickkranen, die gar keinen Gegengewichtsausleger besitzen, wird der Winddruck dagegen am meisten Widerstand verursachen.

1. Drehscheibenkrane (alte Form).

Die Drehscheibenkrane sind aus dem Bedürfnis entstanden, die Nachteile der alten Scherenkrane zu beseitigen. Die Heimat der Scherenkrane ist England, und dem bekannten Konservatismus der Engländer ist es zuzuschreiben, dafs sie dort trotz aller Nachteile heute noch zahlreich in Benutzung sind und noch alle Konstruktionseigenheiten früherer Zeiten aufweisen. Der Hauptnachteil der Scherenkrane ist ihre geringe Leistungsfähigkeit, die namentlich daher rührt, dafs sie keine Schwenkbewegung ausführen und ihre Ausladung nur in einer Ebene verändern können. Sie können infolgedessen nur immer einen

einzigen Punkt über dem Gleise bedienen, wodurch das Verladen außerordentlich viel Zeit beansprucht, weil gar kein
Lagerplatz vorhanden ist, der für den Haken zugänglich wäre.

Die Drehscheiben-Krane in ihren verschiedenartigsten
Ausführungen beseitigen diesen Übelstand, und die größte Leistungsfähigkeit besitzen natürlich diejenigen unter ihnen, die

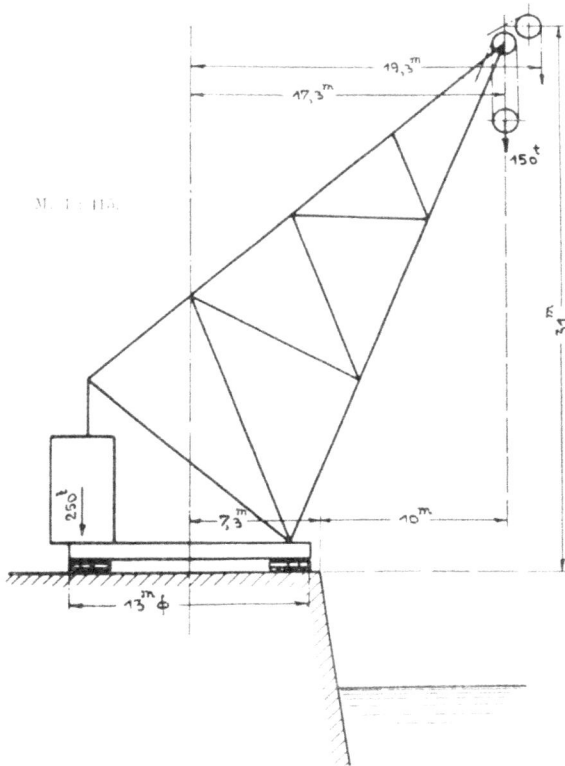

Fig. 6.

außer einer vollständigen Schwenkbewegung auch eine wipp-
artige Veränderung der Ausladung gestatten. Diese Art von
Kranen finden wir z. B. vertreten durch den

50 t-Drehscheiben-Derrickkran[1]),

der in Gestalt eines Portalkrans zu Anfang des Jahres 1902 auf

---

[1]) Z. d. V. d. I. 1902, S. 1659 ff.

der Werft von Blohm & Voſs in Hamburg aufgestellt wurde, und ferner durch den schwerfälligen amerikanischen

150 t-Drehscheiben-Derrickkran[1])

der Newport News Shipbuilding and Dry-Dock Co. in Newport News, Virginia, V. St. v. N.-A.

Wir wollen hier jedoch nur Drehscheibenkrane mit unveränderlicher Ausladung betrachten und nur die beiden Hamburger Schwerlast-Drehscheibenkrane aus der groſsen Zahl der praktischen Ausführungen als Beispiele erwähnen.

Beide Krane haben Dampfantrieb und sind gebaut von der Firma Ludwig Stuckenholz in Wetter a. d. Ruhr.

Der kleinere Kran steht auf dem Baakenhöft im Hamburger Freihafen und hat 50 t Tragkraft bei 12,75 m Ausladung.

Von dem gröſseren Drehscheibenkran auf dem Kranhöft (Fig. 6), der im Jahre 1887 ausgeführt wurde und bis zum Erscheinen der neuen groſsen Hammerkrane als der gröſste Kran der Welt angesehen wurde, seien folgende Angaben mitgeteilt:

Tragkraft	150 t
Probelast	200 t
Ausladung des groſsen Lasthakens . .	17,3 m
Ausladung des kleinen Lasthakens . .	19,3 »
Nutzausladung des groſsen Lasthakens .	10 »
Nutzausladung des kleinen Lasthakens .	12 m
Hubhöhe des groſsen Lasthakens . . .	25 »
Höhe der oberen Rolle über Kai . . .	31 »
Drehscheiben-Durchmesser	13 »
Gegengewicht	250 t
Gewicht des Krans ohne Gegengewicht .	245 t

Geschwindigkeiten bei 150 t Last:

Heben $v = 0,25$ m/min.

Schwenken $v = 9$ m/min.

Im ganzen sind 32 Laufrollen vorhanden, die aber keinen vollständigen Kranz bilden, sondern zu je 16 nach dem Gegengewicht und dem Ausleger hin so angeordnet sind, daſs immer

---

[1]) Z. d. V. d. I. 1899, S. 531/32 und Engineering News 23/2, 1899, S. 114.

zwei Paar Räder, durch einen Schwinghebel miteinander verbunden, einen Laufwagen bilden. Obwohl sich der Fundamentdruck eines vollständigen Rollenkranzes vielleicht etwas weniger genau ermitteln läfst, so steht doch anderseits soviel fest, dafs — gleiche Kippsicherheit vorausgesetzt — der herumwandernde gröfste Kantendruck bei vollständigem Rollenkranz jedenfalls am kleinsten ausfällt. Aufserdem wird durch die Anordnung von Laufwagen die Schwenkreibung erhöht, weil neben rollender auch Zapfenreibung vorhanden ist.

Für die hier zu untersuchenden Krane (Taf. I, Fig. 1 und 2) ist jedesmal ein vollständiger Kranz von Wälzrollen (Drehscheibe) angenommen worden, der durch einen äufseren und inneren U-Eisenring gebildet wird und durch radiale Walzeisenarme mit dem Halslager der Drehsäule zentrisch verbunden ist.

Auf der Drehscheibe ruht dann, frei aufliegend und nur durch ein Halslager an der Drehsäule gehalten, die Plattform, die das Krangerüst und das Führerhaus mit sämtlichen Triebwerken und das Gegengewicht trägt.

Die Berechnungen zu den Diagrammen, die sich am Schlusse dieser Arbeit vorfinden, wurden wie folgt durchgeführt.

Hubwerk.

a) Widerstände beim Heben der Höchstlast.

Den auf den Haken reduzierten Massenwiderstand des Ankers bestimmen wir am besten aus seinem Beschleunigungsmoment. Dieses ist $M_x = \varepsilon J_x$, wo $\varepsilon = \dfrac{\omega}{t}$ die gleichförmige Winkelbeschleunigung und J_x das auf die Drehachse bezogene (polare) Massenträgheitsmoment des Ankers ist.

Ist jetzt r_T der wirksame Trommelhalbmesser und J (Zahl kleiner als 1) das Gesamt-Übersetzungsverhältnis einschliefslich des Flaschenzuges, so ist die auf den Haken reduzierte Ankerbeschleunigungskraft

$$P_h^{\text{kg}} = M_x^{\text{mkg}} \cdot \frac{1}{r_T^{\text{m}}} \cdot \frac{1}{J} .$$

Massenwiderstand des Triebwerks.

Setzen wir hier, wie überall in dieser Arbeit, Übertragung des Motordrehmomentes durch Schnecke und Rad voraus, so wird die Geschwindigkeit der meisten Triebwerksteile so verringert, dafs wir eigentlich nur noch die Trägheitsmomente der auf der Motorwelle sitzenden Massen, d. h. der Kupplung und Bremse (meist beide vereinigt), und, bei hoher Umfangsgeschwindigkeit des Schneckenrades, eventl. noch dessen Kranzmasse zu berücksichtigen brauchen. Die auf den Haken reduzierte Triebwerksbeschleunigungskraft ergibt sich dann aus derselben Gleichung wie vorher, worin natürlich für jede Vorgelegewelle ein anderes Gesamt-Übersetzungsverhältnis J einzusetzen ist.

Der am Haken gemessene

Massenwiderstand der Last

findet sich natürlich einfach aus der Gleichung $P_b = M \cdot p$, wo $M =$ Masse der Nutzlast und $p =$ Hubbeschleunigung ist.

Ist η der Wirkungsgrad des ganzen Triebwerks (einschliefslich Flaschenzug) und Q'_1 der gesamte während der Beschleunigungszeit am Haken wirksame Widerstand — also Summe aus Gewichts- und Beschleunigungswiderständen —, so ist der am Haken angreifend gedacht Gesamtwiderstand $= \dfrac{Q'_1}{\eta}$, die Reibung allein also $R = \dfrac{Q'_1}{\eta} - Q'_1$. Da die Beschleunigungswiderstände der zu hebenden Massen Q_1 im allgemeinen gegen diese Massen selbst verschwinden, so können wir kurz die am Haken gemessene Reibung $R = \dfrac{Q_1}{\eta} - Q_1$ setzen.

Genau genommen wäre hier zu unterscheiden zwischen der Reibung, die zu Beginn und während der Beschleunigung auftritt. Da jedoch für die Reibungswiderstände der Ruhe noch keine allgemein anerkannten Daten vorliegen, berücksichtigen wir hier sowohl, wie sonst in den vorliegenden Untersuchungen, nur die für die Beschleunigungszeit geltenden Reibungswiderstände der schon in Bewegung befindlichen Massen.

b) Widerstände beim Heben der Nullast.

Unter der auf Seite 6 gemachten Annahme, daſs die Hub-
geschwindigkeit des leeren Hakens das 1,7 fache derjenigen bei
Höchstlast beträgt, erhalten wir die verschiedenen auf den Haken
bezogenen Massenwiderstände einfach dadurch, daſs wir die
früheren Werte mit 1,7 multiplizieren.

Reibungswiderstand des Triebwerks.

Für Nullast liefert die Gleichung

$$R = \frac{Q'_1}{\iota} - Q'_1,$$

in der jetzt für Q'_1 nur der Gewichts- und Beschleunigungswider-
stand von Flasche und Seil einzusetzen ist, unverhältnismäſsig
kleine Werte für die Reibung, die mit der Wirklichkeit natürlich
nicht übereinstimmen, weil mit abnehmender Last auch η kleiner
wird. Um zu einem einigermaſsen richtigen Ergebnis zu kommen,
gehen wir daher am besten von praktischen Erfahrungen aus,
und diese haben gezeigt, daſs im allgemeinen die Leerlaufreibung
der Hubwerke $= \frac{1}{2}$ der Höchstlastreibung gesetzt werden kann.
Also Leerlaufreibung

$$R' = \frac{1}{2} \cdot R.$$

Schwenkwerk.

a) Widerstände beim Schwenken der Höchstlast.

Alle Einzelmassen M, die bei kleiner Breitenausdehnung
eine verhältnismäſsig groſse Entfernung r von der Schwenkachse
haben, können wir uns mit erlaubter Annäherung in ihrem
Schwerpunkte vereinigt denken. Ist dann a die Ausladung des
Hakens und p seine Beschleunigung, so ergibt sich der am Haken
gemessene Massenbeschleunigungswiderstand zu

$$P_b = M \cdot \left(\frac{r}{a}\right) \cdot p.$$

Bei Bestimmung der Massendrucke des Krangerüstes ist das Trägheitsmoment $J_x = M \cdot r^2$ weniger leicht zu finden, da der Trägheitsradius r nicht ohne weiteres bekannt ist. Wollte man sich auch hier die Masse der Krangerüstträger in ihrem Schwerpunkte vereinigt denken, so würde das zu ungenaue Resultate geben, und das namentlich bei Kranen mit Last- und Gegengewichtsausleger, wo dann unter Umständen überhaupt kein Schwerpunktsabstand von der Schwenkachse mehr vorhanden ist. Da aber anderseits die genaue Berechnung der Trägheitsmomente sehr zeitraubend ist, selbst dann, wenn ausführliche Werkstattzeichnungen zur Verfügung stehen, so wollen wir hier ein

Annäherungsverfahren

benutzen. Dies ist ohne weiteres statthaft, weil die Beschleunigungszeiten, die bei Ermittlung der Beschleunigungsdrucke hauptsächlich in Frage kommen, ja meistens doch einigermafsen willkürlich angenommen werden.

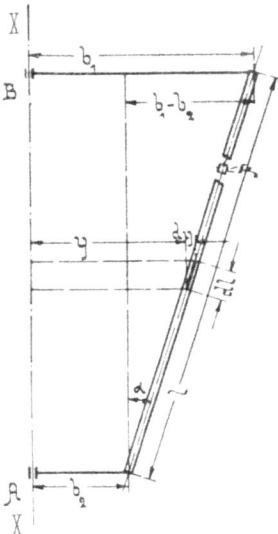

Fig. 7.

Wir wollen hier einen Auslegerträger (Fig. 7) von der Länge l betrachten, dessen Achse mit der Schwenkachse $X—X$ in der gleichen Ebene liegt, und dessen Endpunkte die Abstände b_1 und b_2 von dieser Achse haben. Da der Querschnitt des Trägers im Vergleich zu seiner Länge verhältnismäfsig klein ist, so wollen wir ihn als Stab vom Querschnitt F betrachten, für den dann mit erlaubter Annäherung bezüglich des Trägheitsmomentes J_x die Gleichung gilt

$$dJ_x = \frac{\gamma}{g} \cdot F \cdot dl \cdot y^2,$$

wo γ = Gewicht der Masseneinheit und g = Erdbeschleunigung ist. Da

$$dl = \frac{l}{b_1 - b_2} \cdot dy,$$

so

$$J_x = \frac{\gamma}{g} \cdot F \cdot \frac{l}{b_1 - b_2} \int_{b_2}^{b_1} y^2 \, dy;$$

also, wenn wir die Stabmasse

$$\frac{\gamma}{g} \cdot F \cdot l = M \text{ setzen,}$$

$$J_x = \frac{M}{3} \cdot \frac{b_1{}^3 - b_2{}^3}{b_1 - b_2} \text{, oder}$$

$$J_x = \frac{M}{3} (b_1{}^2 + b_1 b_2 + b_2{}^2).$$

Sonderfälle:

1. Wird $b_2 = 0$, so ist $J_x = \frac{M}{3} \cdot b_1{}^2$; d. h. die auf den Abstand b_1 bezogene Masse $M_{red.} = \frac{M}{3}$.

Ist i der Trägheitshalbmesser, so folgt aus:

$$J_x = M \cdot i^2$$

$$i = \sqrt{\frac{J}{M}} = \sqrt{\frac{\frac{M}{3} \cdot b_1{}^2}{M}},$$

$i \backsim 0{,}58 \, b_1$; d. h. die in der Entfernung $0{,}58 \, b_1$ von der Schwenkachse angebrachte Gesamtstabmasse liefert das gleiche Trägheitsmoment J.

2. Wird $\alpha = 90^0$, d. h. steht der Stab auf der Schwenkachse senkrecht (Fig. 8), so ist $b_1 - b_2 = l$, und es folgt aus

$$J_x = \frac{M}{3} \cdot \frac{b_1{}^3 - b_2{}^3}{b_1 - b_2}$$

$$J_x = \frac{M}{3} \cdot \frac{b_1{}^3 - b_2{}^3}{l}.$$

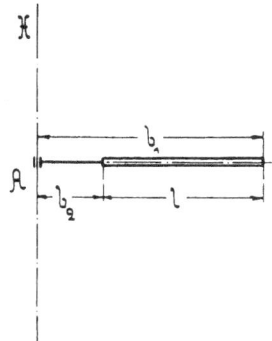

Fig. 8.

Wird jetzt aufserdem noch $b_2 = 0$, so ist $b_1 = l$ und $J_x = \frac{M}{3} \cdot l^2$; d. h. die auf den Abstand l bezogene Stabmasse ist

$$M_{red.} = \frac{M}{3}.$$

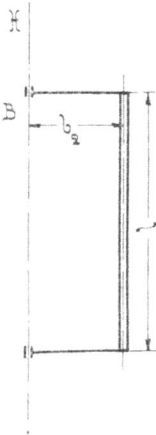

3. Wird $\alpha = 0$ und gleichzeitig $b_1 = b_2$, d. h. wird der Stab der Schwenkachse parallel (Fig. 9), so ergibt sich aus der Hauptgleichung:

$$J_x = \frac{M}{3} (b_1{}^2 + b_1 b_2 + b_2{}^2)$$

der Wert

$$J_x = M \cdot b_2{}^2.$$

4. Ist wieder $\alpha = 90^0$ und $b_2 = 0$, dann ist das Trägheitsmoment für eine zur X-Achse parallele Achse X' (Fig. 10), wenn J_s das Trägheitsmoment des Stabes für seine mit dieser Achse parallele Schwerpunktsachse ist, die davon den Abstand e hat, bekanntlich $J'_x = J_s + M \cdot e^2$.

Aus $J_x = \frac{M}{3} l^2$ folgt aber für S:

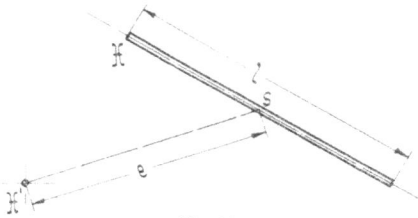

Fig. 9.

$$J_s = 2 \cdot \frac{\frac{M}{2}}{3} \cdot \left(\frac{l}{2}\right)^2,$$

$$J_s = \frac{M}{3} \cdot \left(\frac{l}{2}\right)^2;$$

also folgt für die Achse X':

Fig. 10.

$$J'_x = \frac{M}{3} \left(\frac{l}{2}\right)^2 + M \cdot e^2.$$

Dieser Fall würde nicht in Betracht kommen bei der Schwenkbewegung der in dieser Arbeit behandelten Derrickkrane, da sie nur aus einer Fachwerkebene bestehen, wohl aber bei den übrigen Drehkranen, die zwei symmetrisch angeordnete Auslegerfachwerke besitzen, die durch Windverbände aneinander geschlossen sind.

Weil aber im allgemeinen die Entfernung der Achsen X und X' im Verhältnis zu den übrigen Abmessungen so gering ist, daß der Abstand e ohne weiteres $= \frac{l}{2}$ gesetzt werden kann, da ferner die hier angegebene Berechnung der Trägheitsmomente für das Krangerüst doch nur annähernd ist, einmal, weil wir dabei die Auslegerträger als Stäbe von unendlich kleiner Dicke be-

trachten, und dann, weil wir die Trägheitsmomente der Windverbände der Einfachheit halber unberücksichtigt lassen, so dürfen
wir uns — und das ebenfalls noch mit genügender Annäherung —
die getrennten Auslegerfachwerke samt den zugehörigen Wind-
verbänden in der Auslegersymmetrieebene vereinigt denken.

Die hier gezeigte Ermittlung der Auslegerträgheitsmomente
ist so einfach, dafs es sich gar nicht lohnt, ungenauere Methoden
zu benutzen.

Besondere zusätzliche Massen, wie z. B. die des Auslegerkopfes, also Massen, die die Gleichförmigkeit eines Trägers zu
sehr beeinflussen, müssen natürlich noch besonders berücksichtigt
werden.

Ist also das Trägheitsmoment J_x des schwenkbaren Krangerüstes ermittelt, so ist der auf die Ausladung a reduzierte
Massen-Widerstand des Krans, wenn die dortige Umfangsbeschleunigung $= p$ ist,

$$P_b = \frac{J_x}{a^2} \cdot p.$$

Laufrollen- und Zapfen-Reibung.

Die Bestimmung der Laufrollen-Reibung begegnet keinen
Schwierigkeiten; die Reibung des Mittelpunktszapfens dagegen
ist etwas weniger leicht zu ermitteln, weil die Drucke, die von
der Mittelsäule aufzunehmen sind, zunächst noch berechnet
werden müssen. Genau genommen ist bei der

Beanspruchung der Kranmittelsäule bei Drehscheibenkranen

vorliegender Art zu unterscheiden zwischen Beanspruchung durch
das Drehscheiben-Halslager (Halslager des Rollenkranzes) und
Beanspruchung durch das Plattform-Halslager.

α) Die Beanspruchung durch das Drehscheiben-Halslager wird hervorgerufen durch eine horizontale Kraft, die sich
ergibt auf der am meisten belasteten Kranseite, und zwar bei
kegelförmigen Laufrollen infolge des gröfseren Horizontalschubes
der am stärksten beanspruchten Rollen, und bei zylindrischen

Laufrollen, weil hier die am meisten belasteten Rollen ein größeres Bestreben haben, tangential abzulaufen als die weniger belasteten. Sonstige von der Drehscheibe herrührende Kräfte hat die Mittelpunktsäule nicht aufzunehmen, weil die Widerstände der einzelnen Laufrollen, da wo sie auftreten, direkt von den Antriebskräften der Plattform überwunden werden.

β) Die Beanspruchung des Plattform-Halslagers ergibt sich aus der Resultierenden folgender vier Kräfte:

a) Der gleichen Kraft wie unter α), die aber dieser entgegengesetzt gerichtet ist, falls die Rollenbahn der Plattform nach einem Kegel abgedreht ist, dessen Spitze unterhalb dieser Rollenbahn auf der Schwenkachse liegt.

b) Dem Winddrucke.

c) Den d'Alembertschen Ergänzungskräften, soweit sie dem Antrieb durch ein (reines) Drehpaar entsprechen.

d) Einer Kraft, die unabhängig ist von der Art des Antriebes der Schwenkbewegung und der jeweiligen Lage des Mittelpunktes (Schwerpunktes) aller von den Laufrollen getragenen Massen.

Da sich die vom Halslager der Drehscheibe aufgenommene Kraft und die entsprechende Kraft für das Plattform-Halslager nur schwer rein rechnerisch ermitteln lassen werden, berücksichtigen wir sie einfach dadurch, daß wir einen entsprechend höheren Reibungskoeffizienten annehmen. Lassen wir auch den Winddruck unberücksichtigt, so verbleiben nur noch die Kräfte unter c) und d).

Zu c). Die d'Alembertschen Ergänzungskräfte sind infolge der kleinen für die Schwenkbewegung in Frage kommenden Werte für die Winkelgeschwindigkeit und Winkelbeschleunigung ebenfalls verhältnismäßig klein und das besonders bei Kranen, die durch ein Gegengewicht ausgeglichen sind. Mit erlaubter Annäherung wird man also im allgemeinen diese Kräfte bezgl. der Beanspruchung der Kranmittelsäule außer acht lassen können. (NB. Für den Beharrungszustand der Schwenkbewegung z. B., für den allerdings die Ergänzungskräfte bis auf die Fliehkräfte verschwinden, wurde für den 50 t-Drehscheibenkran von

15 m Ausladung bei angehängter Höchstlast nur eine resultierende Fliehkraft von rund 40 kg gefunden).

Von wesentlichem Einflusse für die Beanspruchung der Kranmittelsäule bleibt also nur noch die unter d) aufgeführte Kraft übrig. Um diese Kraft ermitteln zu können, stellen wir zunächst folgende Betrachtungen an:

1) Ein Ritzel in der Auslegerebene angenommen, und zwar nach der Last hin.

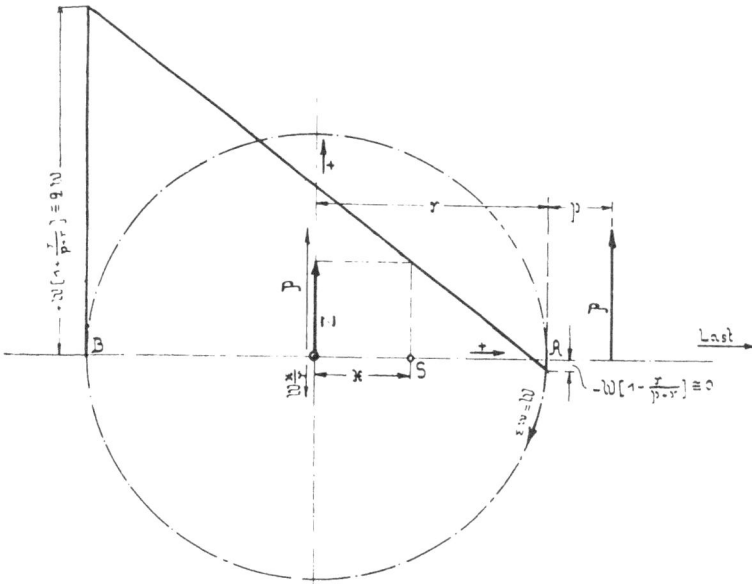

Fig. 11.

Ist $\Sigma w = W$ der gesamte auf dem mittleren Rollbahnkreis gemessene Laufrollenwiderstand, der selbst bei nicht zentrischer Belastung als konstant angenommen werden kann, so muſs (Fig. 11) im Beharrungszustande zur Uberwindung dieses Widerstandes an der Plattform in der Entfernung $p + r$ von der Schwenkachse natürlich eine Kraft $P = W \cdot \dfrac{r}{p + r}$ angreifen. Die wirkliche Angriffskraft muſs auch noch den Zapfenreibungswiderstand am Zentrierungszapfen überwinden. Da dieser aber gegen die anderen

Widerstände verhältnismäfsig klein ist, setzen wir die Gesamt-
angriffskraft auch $= P$. (NB. Bei dem 50 t Drehscheibenkran
von 15 m Ausladung ist der Rollwiderstand $=$ rund 830 kg auf
der mittleren Laufbahn gemessen, während der auf sie reduzierte
Reibungswiderstand der Kranmittelsäule nur rund 26 kg, also
rund 3 % davon beträgt.) Die Zerlegung dieser Antriebskraft P
in ein Kräftepaar und eine ihr gleiche, gleichgerichtete und
parallele Kraft liefert für die Säulenmitte ebenfalls die Kraft
$Z_p = P$.

Sehen wir, wie schon früher bemerkt, von dem Einflusse
etwaigen Winddruckes ab, so wird sich der Schwerpunkt S der
Drehbewegungswiderstände bei verschiedenen Belastungen nur in
der Kransymmetrieebene fortbewegen. Bei zentraler Belastung
liefert die Zerlegung der Widerstände Σw in Kräftepaare und
Einzelkräfte keine resultierende Belastung für die Kransäule, da
sich alle Einzelkräfte aufheben. Hat dagegen der Schwerpunkt
S den Abstand x von der Schwenkachse, so mufs die auf sie

entfallende Einzelkraft $Z_w = W \cdot \dfrac{x}{r}$ sein. Die auf die Zentrie-

rungssäule wirkende Gesamtbeanspruchung ergibt sich demnach zu:
$Z = Z_p - Z_w$.

$Z = P - W \cdot \dfrac{x}{r}$. Da im Beharrungszustande $P = W \cdot \dfrac{r}{p+r}$

ist, haben wir

$$Z = W \cdot \frac{r}{p+r} - W \cdot \frac{x}{r},$$

$$Z = -W \left(\frac{x}{r} - \frac{r}{p+r} \right).$$

Bei $x = +r$ wird $Z = -W \left(1 - \dfrac{r}{p+r} \right)$ und, da p als Halb-

messer des Antriebsritzels im Vergleich zu r sehr klein ist, ist
hier $Z = \infty\ 0$, d. h. fast der ganze Rollwiderstand wird da, wo
er auftritt, von der Antriebskraft P überwunden.

Für $x = 0$ wird $Z = +W \dfrac{r}{p+r}$. Also $Z \infty +W$ für $p \infty\ 0$.

Für $x < O$, also negative x, wird Z immer gröfser, bis es für $x = - r$ den praktisch möglichen Grenzwert $= + W \left(1 + \dfrac{r}{p + r}\right)$ erreicht. Vernachlässigen wir wieder p gegen r, so wird $Z \sim 2\,W$.

Graphische Ermittlung von Z.

Trägt man im Punkte A (Fig. 11, Seite 19) den Wert

$$Z = - W \cdot \left(1 - \frac{r}{p + r}\right) \sim O$$

und im Punkte B den Wert

$$Z = + W \cdot \left(1 + \frac{r}{p + r}\right) \sim + 2\,W$$

als Ordinaten auf und verbindet deren Endpunkte durch eine Gerade, so ergibt die im jeweiligen Schwerpunkte S aufgetragene Ordinate den zugehörigen Zapfendruck Z.

In Prozenten des jeweiligen Widerstandes W der Rollbewegung ausgedrückt, wird also der Druck Z auf die Säule den gröfsten Wert bei Nullast erreichen, vorausgesetzt wieder, dafs das Antriebsritzel in der Kran-Symmetrieebene nach der Last hin liegt.

Da bei Höchstlast aber der Gesamt-Schwenkwiderstand gröfser als bei Nullast ist, findet durch diese Anordnung des Ritzels gewissermafsen eine ausgleichende Wirkung insofern statt, als dann wenigstens die Belastung der Kranmittelsäule geringer ist als bei Nullast.

Liegt das Antriebsritzel in der Auslegerebene nach dem Gegengewicht hin, so tritt der umgekehrte Fall ein, der daher im Prinzip — wenigstens mit Rücksicht hierauf — zu verwerfen ist.

Für den Beschleunigungszustand ist für P derjenige Wert P' in die Gleichung $Z = P - W \cdot \dfrac{x}{r}$ einzusetzen, der sich mit Rücksicht auf die statischen und dynamischen Widerstände ergibt.

2. Eine gleichmäfsigere Verteilung in der Säulenbeanspruchung tritt natürlich durch Anordnung zweier gleich starker

Ritzel, die sich in gleicher Entfernung von Drehachse diametral gegenüberliegen, auf (Fig. 12).

Die Antriebskräfte liefern dann überhaupt keine Einzelkraft für die Säule mehr, sondern nur noch reine Drehmomente, während die Laufrollenwiderstände W — je nach der Lage ihres Schwerpunktes S — Zapfendrucke hervorrufen, die, wenn wir wieder von etwaigem Winddrucke absehen, von $-W$ bis $+W$ sich stetig ändern. Analog dem vorigen Falle haben wir dann hier die Gleichung

$$Z = 0 - W \cdot \frac{x}{r}$$

und zwar für den Beharrungs- und Beschleunigungszustand.

Graphische Ermittlung von Z.

Die im jeweiligen Schwerpunkte der Rollbewegungs-Widerstände aufgetragenen Ordinaten (Fig. 12) geben wieder die zugehörigen Drucke auf den Zapfen.

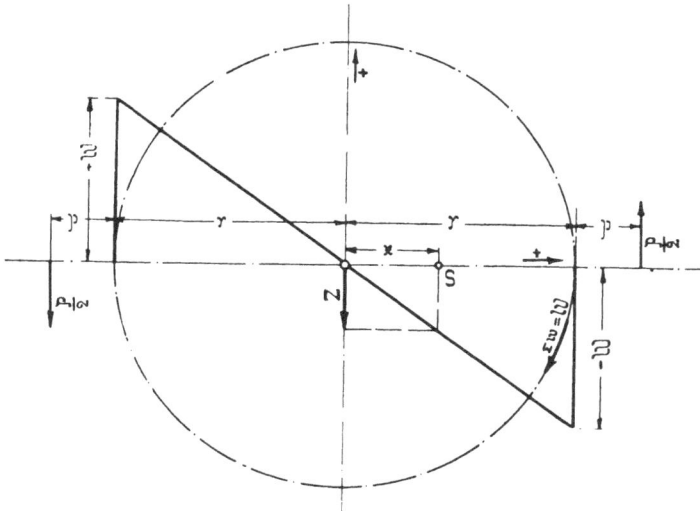

Fig. 12.

Für den Gesamt-Schwenkwiderstand bei Null- und Höchst-last tritt hier keine ausgleichende Wirkung wie früher auf; dagegen haben wir hier den Vorteil, dafs bei mittleren Lasten — und das sind die weitaus häufigsten — die Kranmittelsäule wenig, oder gar nicht beansprucht wird, weil dann, falls die Drehscheibe richtig ausgenutzt ist, der Systemschwerpunkt annähernd in die Mitte der Säule fallen wird. Für die Krane dieser Arbeit wurde jedesmal nur ein äufseres Antriebsritzel angenommen und zwar in der Auslagerebene nach der Last hin.

Für das Übersetzungsverhältnis ist es natürlich ganz gleichgültig, ob Triebling und Triebstockrad sich beide um feste Achsen drehen, oder ob sich der Triebling als äufseres, oder inneres Planetenrad auf dem Triebstockteilkreis abrollt, da ja in allen drei Fällen die gleiche Winkelgeschwindigkeit der Kranschwenkachse vorhanden ist. Von Einflufs ist die Anordnung des Trieblings nur auf die Gröfse des Zahndrucks, nicht etwa auf die Gröfse des von ihm der Kranschwenkachse übermittelten Drehmomentes und auch selbstverständlich nicht von Einflufs auf die Leistung des Trieblings. Die veränderliche Gröfse des Zahndruckes kann infolgedessen nur herrühren von seiner veränderlichen Geschwindigkeit, die mit den verschiedenen Anordnungen des Trieblings zusammenhängt.

Es sei beispielsweise vom Triebling die konstante Leistung N und die konstante ihm vom Motor erteilte (relative) Tourenzahl n gegeben und gesucht:

1. Der Zahndruck P bei feststehenden Achsen, d. h. für den Fall, dafs beide Räder sich drehen, ganz einerlei, ob sie sich einschliefslich oder ausschliefslich berühren, und

2. Die Zahndrucke P_1 und P_2 für den Fall, dafs das Triebstockrad feststeht und der Triebling sich als äufseres, bzw. inneres Planetenrad darauf abrollt.

Zu 1. Aus der gegebenen Leistung N und Tourenzahl n des Trieblings ergibt sich der Zahndruck P (Fig. 13) zu

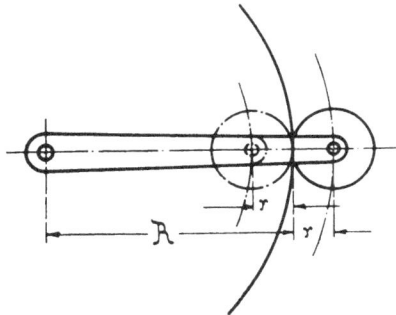

Fig. 13.

$$P = \frac{N \cdot 75 \cdot 30}{\pi \cdot r \cdot n}.$$

Zu 2. Das Planetenrad macht, absolut gerechnet, bei einem Umlauf um das feste Triebstockrad eine Drehung gegen den Raum mehr, bzw. weniger, als die gleichzeitige relative Tourenzahl der Drehung um seine Achse angibt.

Bei einem Umlauf dreht sich aber das Planetenrad relativ $\frac{R}{r}$ mal um seine Achse. Dreht es sich also, wie angegeben, n mal, so macht es $\frac{n}{\frac{R}{r}}$ Umläufe. Die absolute minutliche Umdrehungszahl des Trieblings ist daher:

$$n_a = n \pm \frac{n}{\frac{R}{r}}$$

$$= n \cdot \frac{R \pm r}{R}.$$

Jetzt finden sich die Zahndrucke P_1 und P_2 aus:

$$P_{1,2} = \frac{N \cdot 75 \cdot 30}{\pi \cdot r \cdot n_a},$$

$$P_{1,2} = \frac{N \cdot 75 \cdot 30}{\pi \cdot r \cdot n \cdot \frac{R \pm r}{R}}.$$

Für den Zahndruck $P_{(1,2)}$ bei äußerem, bzw. innerem Planetenrad-Antrieb und den Zahndruck P der gewöhnlichen Stirnräder-Verzahnung besteht also die Beziehung

$$P_{(1,2)} = P \cdot \frac{R}{R \pm r};$$

d. h. der Zahndruck wird durch ein äußeres Planetenrad kleiner, durch ein inneres größer als der Zahndruck bei Rädern mit gewöhnlicher Anordnung.

Massenwiderstand des Ankers.

Aus den schon ermittelten Massenwiderständen der Last und des Krans, sowie aus der Laufrollen- und Zapfenreibung können

wir nicht ohne weiteres die erforderliche Leistung des Schwenkmotors berechnen, da diese Widerstände ja nur die Geschwindigkeit der Beschleunigungszeit besitzen und eine bestimmte Be-
schleunigungsgeschwindigkeit erst noch zweckmäfsig gewählt
werden müfste (s. S. 58 ff.).

Wollten wir dagegen nur die Widerstände des Beharrungszustandes der Schwenkbewegung, also nur die Laufrollen- und
Zapfenreibung berücksichtigen, so würden wir einen Motor erhalten, dessen Anzugsmoment im allgemeinen nicht genügt, um
die geforderten Beschleunigungskräfte zu leisten. Das Beste
würde also sein, vom gröfsten Motordrehmoment auszugehen,
das der Motor zu Beginn der Bewegung hergeben mufs. Da
dieses aber wiederum von der noch unbekannten Triebwerks-
übersetzung abhängig ist, so kommen wir meistens am schnellsten
zum Ziele, wenn wir probeweise irgend einen Motor nach
praktischem Ermessen auswählen.

Ist M_x wieder das Ankerbeschleunigungsmoment und ferner
J das Gesamtübersetzungsverhältnis zwischen Motor und Kran,
so ist der auf die Hakenausladung a bezogene Massenwiderstand
des Ankers

$$P_b^{kg} = M_x^{mkg} \cdot \frac{1}{a^m} \cdot \frac{1}{J};$$

oder kürzer, da die Hakenbeschleunigung p meistens schneller
als M_x zu ermitteln ist:

$$P_b^{kg} = J_x^{kgmsec^2} \cdot \left(\frac{1}{a^m \cdot J}\right)^2 \cdot p^{msec^2}.$$

Hierin bedeutet J_x die auf den Halbmesser 1 reduzierte Anker-
masse, also das Massenträgheitsmoment des Ankers bezüglich
seiner Drehachse.

Für das Triebwerk gelten dieselben Gleichungen wie für
den Anker; im übrigen gilt das, was schon früher auf S. 12 beim
Hubtriebwerk gesagt wurde.

Der am Haken gemessene Reibungswiderstand des
Schwenktriebwerks ermittelt sich wieder aus der Gleichung

$R = \dfrac{Q}{\eta} - Q$, wo Q die gesamten am Haken gemessenen Anfahr-widerstände und η den Wirkungsgrad des vollbelasteten Trieb-werks bedeutet.

b) Widerstände beim Schwenken der Nullast.

Da die Wahl des Schwenkmotors nur zum geringsten Teil von der Laufrollen- und Zapfenreibung abhängig gemacht wurde, hat es auch keinen Wert, die gesteigerte Tourenzahl des Motors bei Nullast aus der verminderten Laufrollen- und Zapfenreibung zu berechnen, denn in Wirklichkeit wird sie, infolge vorgesehener Stromkreiswiderstände, eine bestimmte Grenze doch nicht über-schreiten können. Nehmen wir also nach S. 6 eine Geschwindig-keitssteigerung von 20 % an, so erhalten wir die sämtlichen hier-hergehörigen Massenwiderstände durch Multiplikation der früheren Werte mit dem Faktor 1,2.

Die Laufrollen- und Zapfenreibung bestimmen wir wieder wie vorhin beim vollbelasteten Kran, während wir für die Reibung des Schwenktriebwerks, aus ähnlichen Gründen wie früher beim Hubwerk, als untere Grenze $^3/_4$ der Reibung des vollbelasteten Triebwerks festsetzen wollen, falls die übliche Rechnung mit konstantem Wirkungsgrad keinen höheren Wert ergeben sollte.

Die auf vorstehende Weise für die Anlaufzeiten gefundenen Widerstände sind in Diagrammen aufgetragen, die wir am Schlusse dieser Arbeit zusammengestellt vorfinden (Taf. V—XII).

Die Größe des Gegengewichts und seine Entfernung von der Schwenkachse wird meistens auf Grund einer einfachen Momentenrechnung unter gleichzeitiger Berücksichtigung konstruk-tiver Forderungen bestimmt. Wir wollen hier einmal den Ein-fluß der Lage und Größe des Gegengewichts auf die Beschleuni-gungskräfte beim Schwenken untersuchen, also ermitteln, ob es in dynamischer Beziehung besser ist, ein kleines Gegengewicht an grofsem Hebelarm, oder umgekehrt ein gröfseres Gegengewicht an kleinerem Hebelarm zu wählen.

Für den Fall der gröfsten Kippgefahr habe der Systemschwerpunkt den Abstand x von der Schwenkachse (Fig. 14). Ist
dann das gemeinsame Moment der Nutzlast und des Krangerüstes
(ohne Gegengewicht) bezüglich dieses Systemschwerpunktes $= M_d$,
und nehmen wir an, dafs dieses Moment auch bei Änderung des

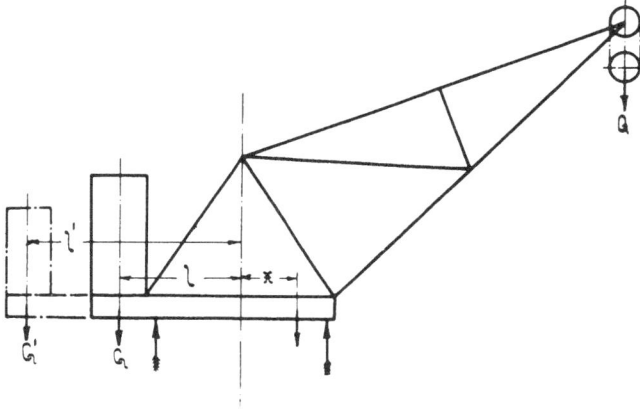

Fig. 14.

Gegengewichtsabstandes, also auch Änderung der Gröfse der
Plattform annähernd unverändert bleibt, so gelten für die Bestimmung der Gegengewichte G und G' im Abstande l bzw. l'
von der Schwenkachse die Gleichungen:

$$G\,(l + x) = M_d \text{ und}$$
$$G'\,(l' + x) = M_d; \text{ also}$$

(1) . . . . $\dfrac{G'}{G} = \dfrac{l + x}{l' + x}.$

Ist J_x das Trägheitsmoment des Gegengewichts bezüglich der
Schwenkachse und ε seine Winkelbeschleunigung, so ist das
erforderliche Beschleunigungsmoment

$$M_x = J_x \cdot \varepsilon.$$

Bedeutet ferner J_s das Trägheitsmoment des Gegengewichts,
bezogen auf eine zur Schwenkachse parallele Schwerpunktsachse,
so ist allgemein

$$J_x = J_s + \frac{G}{g} \cdot l^2.$$

Da in den hierhergehörigen praktischen Fällen vor allem der zweite Posten dieser Gleichung ausschlaggebend sein wird, so können wir angenähert

$$J_x \sim \frac{G}{g} \cdot l^2$$

setzen. Dann wird also

$$M_x = \frac{G}{g} \cdot l^2$$

und analog

$$M'_x = \frac{G'}{g} \cdot l'^2;$$

hieraus folgt:

$$(2) \quad \ldots \ldots \ldots \quad \frac{M'_x}{M_x} = \frac{G' \cdot l'^2}{G \cdot l^2}.$$

Setzen wir hierin für $\frac{G'}{G}$ den Wert aus (1) ein, so erhalten wir unter der Voraussetzung, dafs der Systemschwerpunkt S den Abstand x von der Schwenkachse hat, für die Schwenkbeschleunigungskräfte des Gegengewichts die analytische Gleichung:

$$\frac{M'_x}{M_x} = \frac{l + x}{l' + x} \cdot \frac{l'^2}{l^2}.$$

Soweit Rücksichten auf Massenwiderstände in Frage kommen, wird es also im allgemeinen besser sein, ein gröfseres Gegengewicht in kleinerer Entfernung von der Schwenkachse, als den umgekehrten Fall zu wählen.

Im Anschlusse an die ortsfesten Drehscheibenkrane wollen wir noch kurz die entsprechende Berechnung der

Drehscheibenkrane als Schwimmkrane

berücksichtigen. Die Schwimmkrane in ihrer verschiedenartigsten Gestaltung sind ein wichtiges Hebezeug in allen den Fällen, wo geringe Kailängen, oder unregelmäfsige Kaiverhältnisse vorhanden sind. Sie besorgen zunächst den Transport der Lasten über Wasser vom Ufer bis zum Schiff und dienen dann erst als eigentliches Hebezeug beim Verladen der Stücke oder bei der Montage schwerer Werkteile. Oft sind die Schwimmkrane auch mit kräftigen Feuerspritzen versehen, damit sie auch bei Hafenbränden erfolgreich verwendet werden können.

Die meisten Schwimmkrane sind als Scherenkrane ausgeführt, wobei das Kippmoment durch Wasserballast ausgeglichen
wird, der je nach Bedarf durch Lenzpumpen in hierzu vorge-
sehene wasserdichte Abteilungen des Schiffskörpers befördert wird.

Ein Beispiel für einen Drehscheiben-Schwimmkran, der allerdings gleichzeitig eine Wippbewegung gestattet, findet sich in
der Z. d. V. d. I. 1902, S. 1661/62.

Bezüglich der hier zu besprechenden Drehscheiben-Schwimmkrane kann im allgemeinen auf das früher bei den ortsfesten
Drehscheibenkranen Gesagte verwiesen werden. Eine Änderung
erfährt eigentlich nur die Berechnung des Schwenkwiderstandes,
indem durch Schiefstellen des Kranschiffes einmal die Gröfse
der Halslagerreibung am Zentrierungszapfen sich ändert, und
indem namentlich die senkrecht zur Kranmittelebene gerichteten
Komponenten der Nutzlast und des Gewichtes der am Schwenken
beteiligten Kranteile ein zusätzliches Drehmoment hervorrufen,
das je nach dem Drehungssinne das Kranschwenken erleichtert,
oder erschwert.

Aber auch in dynamischer Beziehung müfste, da die
Schiffskörper wohl immer für jede Schwenkstellung eine andere
Tauchtiefe haben, bei Berechnung des erforderlichen Kran-
Drehmomentes genau genommen auch berücksichtigt werden,
dafs gewisse Trägheitskräfte zu überwinden sind, wenn sich die
hochgehobene Last beim Schwenken gleichsam auf schiefer
Ebene mit schwankender Drehachse bewegt. Da eine diesbezüg-
liche genaue Rechnung aber wohl kaum möglich ist und vor
allem bei den gebräuchlichen Schwenkgeschwindigkeiten die erwähnten Trägheitskräfte verhältnismäfsig gering ausfallen werden,
so können wir uns darauf beschränken, bei den Drehscheiben-
Schwimmkranen insbesondere die Veränderlichkeit der statischen
Schwenkwiderstände rechnerisch festzulegen.

Ist (Fig. 15—17) für eine bestimmte Auslegerstellung φ der
Krängungswinkel des Querschiffes und Ψ der gleichzeitige Neigungs-
winkel des Längsschiffes, so sind bei einer Drehung des Aus-
legers aus der Querschiffsstellung um den $\sphericalangle \alpha$ die von der Nutzlast herrührenden Komponenten parallel und senkrecht zur

Schwenkachse: $Q \cdot \cos \varphi$ und $Q \cdot \sin \varphi$; ferner bezüglich der Schief-
stellung des Längsschiffes $Q \cdot \cos \Psi$ und $Q \cdot \sin \Psi$.

Sind nach der Skizze $Q \cdot \sin \varphi \cdot \sin \alpha$ und $Q \cdot \sin \Psi \cdot \cos \alpha$ die senkrecht zur Kranmittelebene in der Ausladung a angreifenden Kräfte, so ist das von ihnen herrührende resultierende Drehmoment

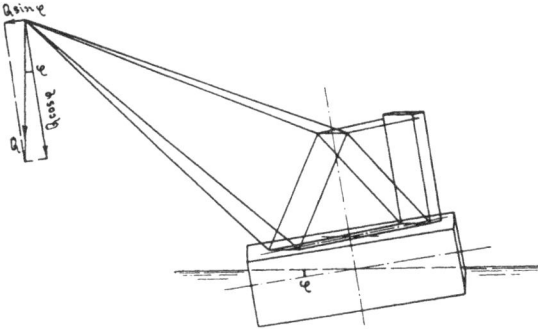

Fig. 15.

$$M_d = \pm \, Q \cdot \sin \varphi \cdot \sin \alpha \mp Q \cdot \sin \Psi \cdot \cos \alpha.$$

Ist diese algebraische Summe $= 0$, so tritt überhaupt kein Drehmoment auf; also

$$\sin \varphi \cdot \sin \alpha = \sin \Psi \cdot \cos \alpha.$$

Wird z. B. $\varphi = \Psi$, so wird $\sin \alpha = \cos \alpha$ und $\alpha = 45^0$, d. h. die Ruhestellung des Auslegers liegt dann natürlich in der Mitte.

In gleicher Weise wie für die Nutzlast wäre jetzt auch das von dem Krankonstruktionsgewicht herrührende Drehmoment zu ermitteln und ferner die durch die Neigung des Kranschiffes vergrößerte Halslager-

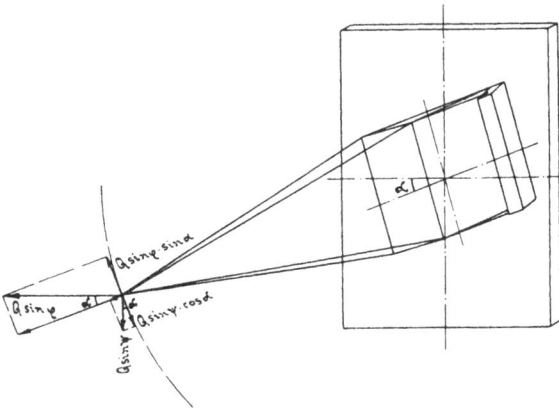

Fig. 16.

reibung besonders in Rechnung zu stellen. Von weiteren diesbezüglichen Betrachtungen wollen wir aber absehen, da für die schwimmenden Drehscheibenkrane meistens ein verschiebbares

Gegengewicht angeordnet wird, das der Kranführer nach einer Libelle derart einstellt, dafs eine möglichst wagerechte Lage des Schiffskörpers gesichert ist. Von diesen Untersuchungen können wir um so mehr absehen, als Schwimmkrane doch wohl nur für den Hafenverkehr gebaut werden, wo also die wenig auszugleichenden Schiffsschwankungen durch Seegang in Wegfall kommen.

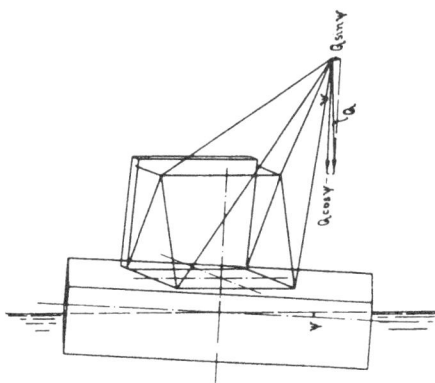

Fig. 17.

2. Drehscheiben-T-Krane (neue Form).

Während von den unter 1. behandelten Drehscheibenkranen bereits von Armstrong Ausführungen von Woolwich und Spezia veröffentlicht wurden und ihre Einführung in Deutschland schon in den achtziger Jahren[1]) durch die Firma Ludwig Stuckenholz erfolgte, die das Verdienst für sich in Anspruch nehmen kann, zuerst auf diese Kranform besonders aufmerksam gemacht und sie in besonderer Weise ausgebildet zu haben, gehören grofse Drehkrane in T-Form mit Laufkatze, also veränderlicher Ausladung, erst der neuesten Zeit an und sind vollständig deutschen Ursprungs.

Infolge der immer gröfser werdenden Abmessungen der neuesten Schiffe wurde die Beschränkung des Durchfahrtsprofiles durch die alten Drehscheibenkrane als sehr hinderlich empfunden. Um daher bei hohen Decksaufbauten das Kranschwenken ohne Verholen des Schiffes, bzw. ohne Benutzung einer Wippbewegung des Auslegers, zu ermöglichen, gab man dem drehbaren Krangerüst die Gestalt eines T's und baute dann den senk-

---

[1]) 1882 lieferte Stuckenholz den ersten gröfseren Kran nach diesem System für die Rotterdamer Schiffsbaugesellschaft in Fijenoort bei Rotterdam; s. Engineering 11/4, 1884.

rechten Drehturm so hoch, wie es die besonderen Forderungen verlangten, während man den wagerechten Ausleger mit einer Laufkatze versah, die dann gleichzeitig die Leistungsfähigkeit des Krans bedeutend erhöhte.

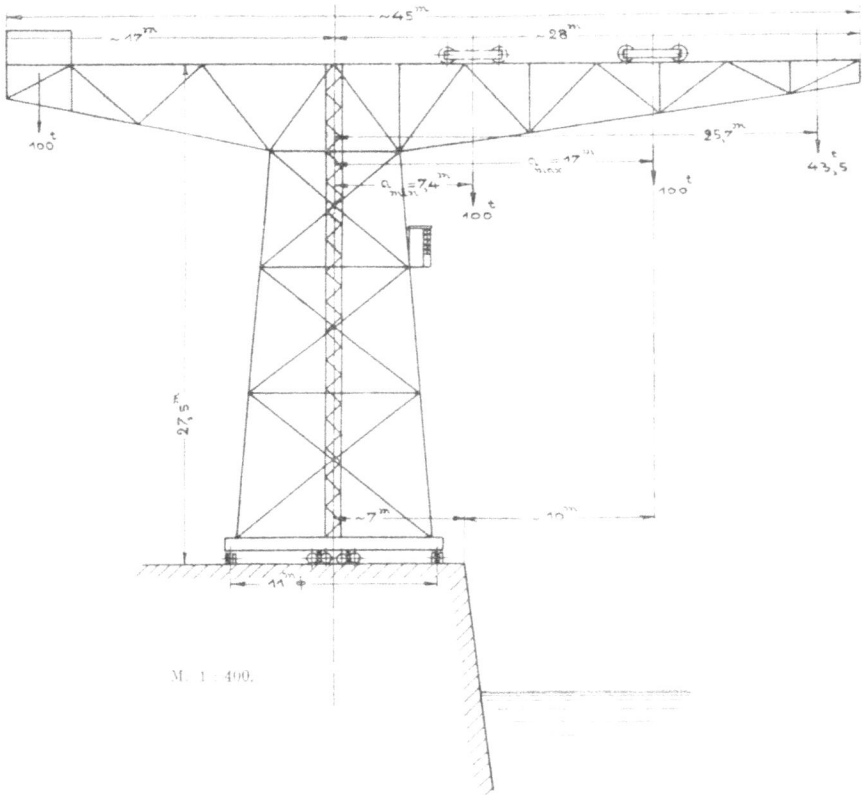

Fig. 18.

Der einzige bisher bekannt gewordene Drehscheiben-T-Kran[1]) steht seit Anfang des Jahres 1900 auf der Werft des »Bremer Vulkan« in Vegesack a. d. Unterweser und wurde gebaut von der Benrather Maschinenfabrik Akt.-Ges. in Benrath bei Düsseldorf (Fig. 18). Er hat bei 17 m Ausladung eine gröfste Tragfähigkeit von 100 t; die Katze, die mit vollständigem Hub- und

---

[1]) Z. d. V. d. I. 1901, S. 1559 ff.

Laufwerk versehen ist, kann aber bei einer Belastung von 43,5 t bis zu einer gröfsten Ausladung von 25,7 m ausfahren. Die Höhe der Fahrbahn über Kaikante beträgt 27,5 m. Auch dieser Kran hat keinen vollständigen Laufrollenkranz, sondern ruht auf 12 Schwenkwagen, von denen 3 durch je einen 12 pferdigen Elektromotor angetrieben werden. Diese Wagen laufen auf einer zweischienigen Fahrbahn von 350 mm Spurweite und 11 m mitt- lerem Durchmesser. Die Geschwindigkeiten bei Höchstlast sind nach Angabe der Firma folgende:

Heben $v = 1,0$ m/Min.,

Katzenfahren $v = 10$ m/Min.

Eine vollständige Schwenkbewegung erfordert 7,5 Min.

Da bei diesen Kranen mit besonderem Gegengewichtsaus- leger einmal der wirksame Gegengewichtshebelarm (gemessen bis zur Kippkante auf der Rollbahn) infolge seiner gröfseren Länge als bei den gewöhnlichen Drehscheibenkranen verhältnis- mäfsig nur wenig kürzer wird bei unbelastetem als bei be- lastetem Kran und ferner hier nicht nur genügende Standfestig- keit des Krans bei unbelasteter, ganz eingefahrener, sondern auch bei abgenommener Katze vorhanden sein mufs, so sind entweder sehr grofse Drehscheibendurchmesser erforderlich, oder aber sehr grofse Gegengewichte bei kleinerem Hebelarm. Die notwendige Folge ist in jedem Falle eine zusätzliche Reibung bei der Schwenk- bewegung. Die Verstellbarkeit der Ausladung mufs demnach bei den Drehscheiben-T-Kranen in jedem Falle durch gröfsere Fundamente erkauft werden.

Wir wollen hier mit Rücksicht auf den angestrebten Ver- gleich die gleichen Drehscheibendurchmesser wie bei den früheren Drehscheibenkranen (alte Form) wählen und danach die Gegen- gewichtshebelarme bestimmen, die dann, bis auf den 150 t-Kran, andere Abmessungen erhalten wie bei den gleichwertigen Hammer- kranen, die später untersucht werden sollen.

Die Diagramme der Hub- und Schwenkwerke werden in gleicher Weise wie bei den alten Drehscheibenkranen berechnet, nur sind hier natürlich für das Schwenkwerk besondere Dia- gramme für die gröfste und kleinste Ausladung zu entwerfen.

Ist J_x wieder das Trägheitsmoment des schwenkbaren Krangerüstes, und ist ferner a_{min} die kleinste Hakenausladung und
p_{min} die zugehörige Umfangsbeschleunigung, so ergibt sich beispielsweise der am Haken in kleinster Ausladung gemessene
M a s s e n w i d e r s t a n d d e s K r a n s zu:

$$P_b = \frac{J_x}{a_{\,min}^{\,2}} \cdot p_{min}.$$

Neu hinzu kommen nur die Diagramme für das L a u f w e r k ,
bei denen zweckmäßig alles auf den Umfang der Laufrollen
bezogen wird. Der Massenwiderstand des Ankers würde dann
beispielsweise sein

$$\overset{kg}{P_b} = \overset{mkg}{M_x} \times \frac{1}{\underset{L}{r} \, {}^m} \times J,$$

wo $M_x =$ Beschleunigungsmoment, $\underset{L}{r} =$ Laufrad-Halbmesser und
$J =$ Übersetzungsverhältnis zwischen Motor und Laufrad ist. Die
Triebwerksreibung bei Nullast wurde, ebenso wie beim Schwenkwerk (vgl. S. 26), mindestens gleich $^3/_4$ derjenigen bei Vollast
angenommen.

Trotz der großen Vorteile, die die Drehscheiben-T-Krane
nach der wirtschaftlichen Seite hin den alten Drehscheiben-
Kranen gegenüber aufzuweisen haben:

durch größeres Arbeitsfeld, rascheres Arbeiten infolge
der schnell ausführbaren Radialbewegung der Laufkatze,
die verhältnismäßig nur wenig Kraftaufwand erfordert,
und ferner
durch gänzliches Freilassen des Durchfahrts-Profiles,
trotz dieser Vorzüge sind sie heute scheinbar wieder verlassen
und durch eine andere Kranart, die sogenannten

3. Hammerkrane,

ersetzt worden. Die Drehscheiben-T-Krane, wie die Drehscheibenkrane überhaupt, besitzen den großen Nachteil, daß sie den
Kaiverkehr namentlich dadurch beeinträchtigen, daß keine Eisenbahngleise innerhalb der von ihrem Schwerpunkte beschriebenen

Fläche hindurchgeführt werden können, da dieser natürlich mit Rücksicht auf die Standsicherheit ganz innerhalb der beweglichen Drehscheibe liegen muſs. Verzichtet man darauf, diese T-Krane in sich standfest zu machen, sondern überträgt, wie das eben bei den Hammerkranen der Fall ist, das überschieſsende Kippmoment auf einen festen Turm, in dem sich, durch Hals- und Fuſslager geführt, der T-förmige Ausleger dreht, so hat ein Gegengewicht nur noch den Wert, die Beanspruchungen in diesem Turm herabzumindern und dessen Fundament vor zu groſsen Belastungsschwankungen zu bewahren.

Als Vorteil der Drehscheiben-Krane gegenüber den Hammerkranen wird häufig hervorgehoben, daſs in ihrem Fundament nur pulsierende Druckbelastung, aber keine Zugbeanspruchung auftreten kann. Bedenkt man aber, daſs die Fundament-blöcke (Fig. 19) der Hammerkrantürme nichts weiter sind als die für ihre Standfestigkeit benötigten Gegengewichte, die starr durch lange durchgehende Fundamentanker unter richtiger Vorspannung damit verbunden sind, so folgt daraus, daſs der zwischen den Ankerplatten ein-

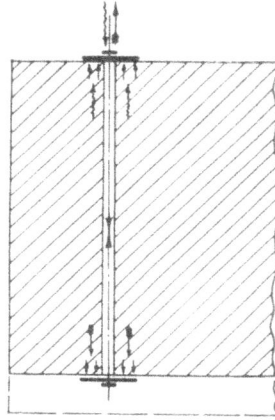

Fig. 19.

geklemmte Fundamentklotz in sich ebenfalls nur pulsierende Druckbeanspruchung erfahren kann.

Gehen die Anker nicht ganz durch den Fundamentblock hindurch, ist dieser also nicht vollständig von den Ankerplatten eingeschlossen, so könnte allerdings in der Querschnittsebene der unteren Platte auch Zugbeanspruchung im Fundament auftreten, falls dessen oberer Teil nicht schon allein als Gegengewicht genügte.

Dadurch, daſs die Hammerkrane einen standfesten, nicht drehbaren Turm haben, in dem sich der Ausleger drehen kann, ist es ohne weiteres möglich, bei zweckentsprechender Gestaltung dieses Turmes Eisenbahngleise hindurchzulegen, die nur das zwischenliegende Ausleger-Spurlager frei lassen müssen, falls

dieses nicht wie beim 40 t-Hammerkran des Emdener Aufsenhafens (Taf. II, Fig. 23) hängend angeordnet ist derart, dafs selbst
unter der Kranschwenkachse genügend Platz für das Eisenbahn-
wagen-Normalprofil bleibt.

Die ersten Hammerkrane wurden Herbst 1899 in den Hafen-
anlagen Bremerhavens von der Benrather Maschinenfabrik A.-G.
in Benrath bei Düsseldorf fertiggestellt, die auf Anregung des
Abteilungsingenieurs O. Günther zum ersten Male diese bei
kleineren Ausführungen schon länger bekannte Kranform auch
auf Schwerlast-Krane im Werft- und Hafenverkehr übertrug.
Seit dieser Zeit scheinen die Hammerkrane alle anderen Krantypen, die dem gleichen Zweck dienen, verdrängen zu wollen.

Von den Hammerkranen, die schon fertiggestellt, oder noch
in Ausführung begriffen sind, sind folgende bisher bekannt geworden:

Für die Wasserbauinspektion B Hamburg:
1. 20 t-Kran, gröfste Ausladung = 16,5 m (Taf. II, Fig. 20);
2. 2 Stück 30 t-Krane, gröfste Ausladung = 11,55 m (Taf. II,
Fig. 21);
3. 75 t-Kran, gröfste Ausladung = 28,25 m (Taf. II, Fig. 22).

Für die Kgl. Wasserbauinspektion Emden:
4. 40 t-Kran, gröfste Ausladung = 23,5 m (Taf. II, Fig. 23);

Für Dublin:
5. 100 t-Kran, gröfste Ausladung = 22,6 m (Taf. II, Fig. 24).

Alle diese Krane wurden geliefert von der »Vereinigte
Maschinenfabrik Augsburg und Maschinenbau-Gesellschaft Nürnberg«, Werk Nürnberg.

Für die Hafenbauinspektion Bremerhaven:
6. 2 Stück 50 t-Krane, gröfste Ausladung = 12 m (Taf. II, Fig.25);
7. 150 t-Kran[1]), gröfste Ausladung = 22 m (Taf. II, Fig. 26).

Für Vulcain Belge Anvers:
8. 120 t-Kran, gröfste Ausladung für die Höchstlast = 20 m
(Taf. III, Fig. 27).

---

[1]) Z. d. V. d. I. 1899, S. 1481 ff.

Für die Howaldtswerke Kiel:

9. 150 t-Kran[1]), gröfste Ausladung für die Höchstlast = 20 m (Taf. III, Fig. 28).

Für W. Beardmore & Co. Ltd., Glasgow:

10. 150 t-Kran[2]) mit 2 Katzen von 150 t und 50 t Tragkraft auf 2 Lastauslegern. Ausladung für die grofse Katze = 22 m, für die vollbelastete kleine Katze = 30 m (Taf. III, Fig. 29).

Für Vickers Sons & Maxim, Liverpool:

11. 150 t-Kran, gröfste Ausladung für die Höchstlast = 22 m (Taf. IV, Fig. 30).

Die unter Nr. 6—11 erwähnten Krane wurden sämtlich von der Benrather Maschinenfabrik A.-G. in Benrath bei Düsseldorf gebaut.

Endlich bleibt noch zu erwähnen der für die Kruppsche Germaniawerft in Kiel von der Duisburger Maschinenbau-Aktiengesellschaft, vorm. Bechem & Keetmann, in Duisburg a. Rh., gelieferte

12. 150 t-Kran[3]), gröfste Ausladung für die Höchstlast = 22,75 m (Taf. IV, Fig. 31).

Die vorerwähnten Krane sind sämtlich elektrisch betrieben.

Die Literatur über Hammerkrane ist im allgemeinen so ausreichend, dafs zwecks näherer Erläuterung auf sie verwiesen werden kann. Wir wollen hier nur noch einzelne Punkte hervorheben. Zunächst sei bemerkt, dafs der Gegengewichtsausleger jetzt bei den meisten Hammerkranen kürzer als der Lastausleger ist. Wenn sich auch dadurch ein überschüssiges Winddruckmoment trotz Verkleidung des kürzeren Auslegerteiles bei den üblichen Abmessungen nicht ganz vermeiden läfst, so besteht doch anderseits der Vorteil, dafs der Kranführer beim Schwenken

---

[1]) Z. d. V. d. I. 1901, S. 1507 ff.
[2]) Z. d. V. d. I. 1902, S. 1107/8.
[3]) Z. d. V. d. I. 1900, S. 430; ferner 1901, S. 1762/63, 1902, S. 175 ff., 659/60, 1572 ff., 1848/49.

meistens nur auf den längeren Lastausleger Rücksicht zu nehmen braucht, da der kürzere Gegengewichtsausleger nur in den seltensten Fällen durch Schiffsmasten in seiner Drehung gehindert wird. (Fig. 32.)

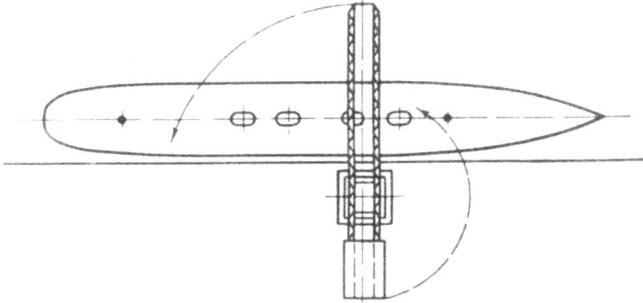

Fig. 32.

Aber auch in bezug auf die Schwenkbeschleunigungskräfte ist es vorteilhafter, das Gegengewicht an einem kleineren Hebel-arm anzubringen. Dies ergibt sich ohne weiteres aus der Gleichung:

$$\frac{M_x'}{M_x} = \frac{l + x}{l' + x} \cdot \frac{l'^2}{l^2},$$

die wir auf S. 26 ff. für die Gegengewichte der Drehscheiben-krane abgeleitet haben. Setzen wir hierin $x = 0$, so ergibt sich, wenn wir die gleichzeitigen Gröfsenänderungen der Gegengewichts-arme vernachlässigen, dafs die Schwenkbeschleunigungsmomente der Gegengewichte im gleichen Verhältnis wie ihre Hebelarme wachsen.

Aus den angeführten Gründen erhielten auch die in dieser Arbeit zu untersuchenden Hammerkrane sämtlich kürzere Gegen-gewichts- als Lastausleger.

Allerdings erzeugt das gröfsere Gegengewicht auch einen gröfseren Spurlagerdruck; dieser Umstand kommt aber weniger in Frage, da der senkrechte Druck von Wälzrollen aufgenommen wird, die ja einen verhältnismäfsig geringen Reibungsverlust bedingen.

Um eine möglichst geringe Beanspruchung des festen Turm-gerüstes zu sichern, ist die Gröfse des Gegengewichtes jedesmal so bestimmt worden, daſs das Kippmoment des Auslegers bei Höchstlast und ganz ausgefahrener Katze gleich dem entgegen- gesetzt drehenden Kippmoment bei eingefahrener und unbelasteter Katze ist. Gelten also die Bezeichnungen:

Q = Höchstlast,

L = Gewicht der Laufkatze nebst Flasche,

a_{max} = gröſste Ausladung der Last Q,

a_{min} = kleinste Ausladung der Last Q,

M_k = Kippmoment des Ausleger-Eigengewichts (ohne Gegengewicht),

G = Gegengewicht,

g = zugehöriger Schwerpunktsabstand von der Schwenk- achse,

so haben wir zur Bestimmung von G die Gleichung

$$(Q + L) \cdot a_{max} + M_k - G \cdot g = G \cdot g - M_k - L \cdot a_{min};$$

also ist

$$G = \frac{(Q + L) \cdot a_{max} + 2 M_k + L \cdot a_{min}}{2 g}.$$

Von gröſstem Interesse ist es, die beim Entwurf rechnerisch ermittelten Halslagerdrucke der Drehsäule später bei den Ab- nahmeversuchen des ausgeführten Krans auf ihre Richtigkeit hin zu prüfen. Dies geschieht einfach in der Weise, daſs man die Laufkatze mit angehängter beliebiger Last Q_1 so lange heraus- fährt, bis sich in den Laufrollen des oberen Halslagers ein Druckrichtungswechsel bemerkbar macht. Ist dann r der zuge- hörige Abstand des Laufkatzenschwerpunktes von der Schwenk- achse, so ergibt sich das vom Eigengewicht des Auslegers, ein- schlieſslich Gegengewicht, herrührende Kippmoment zu

$$M_s = (Q_1 + L) \cdot r.$$

Der wagerechte Schub bei der Höchstlast Q in der Aus- ladung a_{max} ist demnach, wenn L den Abstand der beiden Hals- lager der Drehsäule bedeutet,

$$H = \frac{(Q + L) \cdot a_{max} - M_s}{h}.$$

Dieser auf statischem Wege sich ergebende gröſste Halslager- druck wird in der Anlaufzeit infolge zusätzlicher Beschleunigungsdrucke noch gröfsere Werte annehmen. Die genaue Berechnung dieser Drucke mit Hilfe des d'Alembertschen Prinzips findet sich auf S. 51 ff. und kann infolgedessen hier übergangen werden.

Die verschiedenen Ausführungen der Hammerkrane zeigen grofse Mannigfaltigkeit im Einbau ihrer Triebwerke. Das gilt sowohl von den Hub- und Fahrwerken als auch von den Schwenkwerken. Bei den grofsen Hubhöhen erhält die Seiltrommel bedeutende Abmessungen, und auch das eigentliche Triebwerk fällt infolge der grofsen zu bewältigenden Massen schwer aus. Um den Ausleger zu entlasten, ist daher vielfach das Hub- und Fahrwerk fest auf dem Gegengewichtsausleger montiert worden, so dafs die Laufkatze dann eigentlich nur noch als Tragorgan für die Last, die Flasche und die Seilführungsrollen dient. Durch diese Anordnung werden die auszugleichenden Gewichte beträchtlich verringert, die gesamte Auslegereisenkonstruktion kann etwas leichter gehalten werden, die Halslagerdrucke werden kleiner, und auch die Schwenkbeschleunigung erfordert geringere Kräfte. Diese Vorteile sind aber nur einseitig, denn sie werden teuer dadurch erkauft, dafs beim Heben und Senken des Hakens und beim Katzenfahren ständig grofse Reibungsverluste durch Seilführungsrollen und durch Seilbiegungen überwunden werden müssen. Werden aufserdem noch statt der Seiltrommeln kurze Spilltrommeln angewendet, die nur die Kraftübertragung vermitteln, die Aufnahme des Lastseiles aber einem Spannflaschenzuge in der Achse der Kransäule überlassen, so werden diese Reibungsverluste noch bedeutend gröfser. In dieser Arbeit ist davon Abstand genommen worden, die zusätzlichen Reibungswiderstände, die getrennte Triebwerke mit sich bringen, noch besonders rechnerisch zu untersuchen. Trotzdem kann aber wohl behauptet werden, dafs eine Laufkatze mit vollständigem Triebwerke vielleicht die Anlagekosten erhöht, nicht aber die Schwenkwiderstände derart vergröfsert, dafs die Widerstände des Hub- und Fahrwerkes der andern Anordnung dagegen zurücktreten können. Aufserdem besitzt eine Laufkatze, die sämtliche Triebwerke auf sich vereinigt, den Vorteil der gröfseren Einfachheit und Übersichtlichkeit. Eine solche Laufkatze haben beispielsweise der 150 t-Hammerkran[1]) der Kruppschen Germaniawerft in Kiel (Taf. IV, Fig. 31) und der 40 t-Kran des Emdener Aufsenhafens (Taf. II, Fig. 23), während die grofsen von der Benrather Maschinenfabrik A.-G. gelieferten Drehkrane mit Spilltrommeln und zum Teil getrenntem Triebwerk versehen sind.

Das tote Gegengewicht ist bei einer der neuesten Ausführungen, dem 150 t-Hammerkran[2]) für W. Beardmore & Co. Ltd., Glasgow (Taf. III, Fig. 29), durch eine zweite Laufkatze ersetzt worden, so dafs der Ausleger auf seinem kürzeren Arm eine Katze für schwere Lasten und auf seinem längeren Arm eine Katze für leichte Lasten trägt. Durch geeignete Steuerungsvorrichtungen ist dafür gesorgt, dafs jede der beiden Katzen nur benutzt werden kann, wenn die andere sich unbelastet in ihrer äufsersten Stellung befindet; mit Rücksicht auf die Standsicherheit sind im Ruhezustande beide Katzen in ihrer gröfsten Ausladung.

Gegenüber den früheren Kranen mit einem Last- und einem Gegengewichtsausleger sind diese Krane mit zwei Nutzauslegern aber insofern im Nachteil, als sie in einer gröfseren als der Höchstlastausladung keine Lasten heben können, die die Tragfähigkeit der kleinen Laufkatze überschreiten.

Auf Grund von vergleichenden Rechnungsbeispielen der Duisburger Maschinenbau-Aktien-Gesellschaft, vorm. Bechem & Keetmann[3]), sollen die Krane mit Last- und Gegengewichtsausleger auch einen geringeren Halslagerdruck ergeben; der senkrechte Fufslagerdruck dagegen soll etwas gröfser ausfallen, ohne jedoch das Fundament zu benachteiligen, da die Resultierende aus dieser Vertikalkraft und dem horizontalen Halslagerdruck in beiden Fällen annähernd gleiche Flächenpressungen hervorruft.

Bezüglich des Auslegers sei noch erwähnt, dafs sich bei den meisten Hammerkranen die Katzenfahrbahn auf den oberen Gurtungen befindet. Statt des Windverbandes, der in diesen

---

[1]) Z. d. V. d. I. 1902, S. 1572 ff.
[2]) Z. d. V. d. I. 1902, S. 1107/08.
[3]) Ernst, Hebezeuge 1903, Bd. I, S. 643 ff.

Fällen in Wegfall kommen mufs, erhält dann der Lastausleger
zur Aufnahme der seitlichen Massenwiderstände des Schwenkens
besonders breite Gurtungen und aufserdem zwei äufsere Ver-
steifungsbühnen. Um wenigstens den oberen Windverband beibehalten zu können, verlegt die »Vereinigte Maschinenfabrik
Augsburg und Maschinenbaugesellschaft Nürnberg A.-G.« häufig
die Fahrbahn zwischen die beiden Auslegerfachwerkebenen (Taf. II,
Fig. 20, 22 und 24). Das ist auch in allen den Fällen angängig,
wo, wie hier, die Katze kein vollständiges Triebwerk hat, also
nur geringe Höhe besitzt und keine besondere Wartung bedarf.

Die Gestaltung des festen Turmgerüstes in eine dreiseitige
oder vierseitige Pyramide ist natürlich ganz ohne Einflufs auf
die Leistungsfähigkeit des Krans und hängt nur von den Kosten,
den örtlichen Verhältnissen und den besonderen Forderungen
ab, die der Auftraggeber an die ganze Anlage stellt. Nicht
einerlei dagegen ist es, ob der Antrieb des Drehwerkes am
unteren oder oberen Halslager erfolgt.

Ist der o b e r e Antrieb schon im Prinzip vorzuziehen, weil
bei ihm die Widerstände möglichst da, wo sie auftreten, überwunden werden, so gestattet er auch anderseits den Vorteil, den
Durchmesser des festgelagerten Triebstockkranzes verhältnismäfsig
grofs zu wählen und zwei diametral gegenüberliegende Antriebsritzel in ihn eingreifen zu lassen, ohne dafs irgend welcher nutz-
bare Raum dadurch versperrt würde. Durch den grofsen Durchmesser des Triebstockkranzes, der auf dem festen Turmgerüst
genau einstellbar gelagert ist (Fig. 33, S. 44), wird der Zahndruck
sowohl, wie auch die Übersetzung des eigentlichen Triebwerks
vorteilhaft verringert. Da ohne Schwierigkeit unter dem Last-
und Gegengewichtsausleger zwei getrennte Schwenkwerke mit
zwei Trieblingen angebracht werden können, die mit dem Triebstockkranz im Eingriff sind und die Schwenkbewegung samt ihren
Antriebsmotoren mitmachen, so läfst sich dadurch der Zahndruck
leicht noch weiter vermindern, und man hat noch den Vorteil,
dafs das Halslager keine vom Zahndruck herrührende resultierende Einzelkraft aufzunehmen braucht.

Natürlich können auch die Schwenkwerke auf dem festen Turmgerüst angebracht werden, während der Triebstockkranz am beweglichen Ausleger befestigt ist.

Erfolgt der Antrieb des Schwenkwerks am unteren Halslager, so kann der Durchmesser des Triebstockteilkreises verhältnismäfsig nur klein gewählt werden, da der zur Verfügung stehende Raum beschränkt ist und unter Umständen sogar darauf Rücksicht genommen werden mufs, dafs Eisenbahngleise zu beiden Seiten des Fufslagers durch das feste Stützgerüst hindurchgeführt werden können. Die Folge davon ist, dafs das eigentliche Triebwerk eine gröfsere Übersetzung bekommt, und dafs selbst bei Anordnung von zwei Schwenktriebwerken, die aber wegen ihrer Raumbeanspruchung zu ebener Erde immerhin unbequem werden können, die Zahndrucke verhältnismäfsig grofs ausfallen. Aufserdem aber erfordert unterer Antrieb für die Aufstellung des Triebwerkes einen besonderen Rost aus Walzeisen.

Oberen Antrieb des Schwenkwerks haben die Krane der »Vereinigte Maschinenfabrik Augsburg und Maschinenbau-Gesellschaft Nürnberg A.-G.« und der von der »Duisburger Maschinenbau-Aktien-Gesellschaft, vorm. Bechem & Keetmann«, gelieferte 150 t - Hammerkran für die Kruppsche Germaniawerft in Kiel (Fig. 33, S. 44); dagegen besitzen die Ausführungen der »Benrather Maschinenfabrik A.-G.« sämtlich unteren Antrieb des Schwenkwerks.

Die Diagramme der hier zu untersuchenden drei Hammerkrane wurden in ähnlicher Weise ermittelt wie diejenigen der schon früher besprochenen Drehscheiben-T-Krane. Hier sei deshalb nur noch darauf hingewiesen, dafs bei den Berechnungen die Fufslager und oberen Halslager der drehbaren Kransäule entsprechend den Benrather Ausführungen angenommen wurden.

Am 3. Februar 1903 ist von der Duisburger Maschinenbau-Aktien-Gesellschaft, vormals Bechem & Keetmann, unter Nr. D. 13273, Kl. 35 b, eine Patentanmeldung eingereicht worden, bei der es sich um eine besondere Gestaltung des festen Stützgerüstes handelt (Fig. 34, S. 45).

Um bei gleicher nutzbarer Ausladung nach einer Seite des Stützgerüstes hin eine geringere Ausladung bis Mitte Dreh-

säule zu erzielen, ist bei dieser Anordnung das Auslegerfußlager
aus dem Schwerpunkte der Grundfläche des festen Turmgerüstes
herausgerückt. Wir kommen dann mit einem kürzeren wagerechten Ausleger aus, und die Fuß- und Halslagerdrucke werden
kleiner. Gegenüber diesen Vorteilen ist aber vielleicht zu bemerken, daß die Herstellungskosten des Stützgerüstes infolge
seiner unsymmetrischen Gestaltung wahrscheinlich erhöht werden,

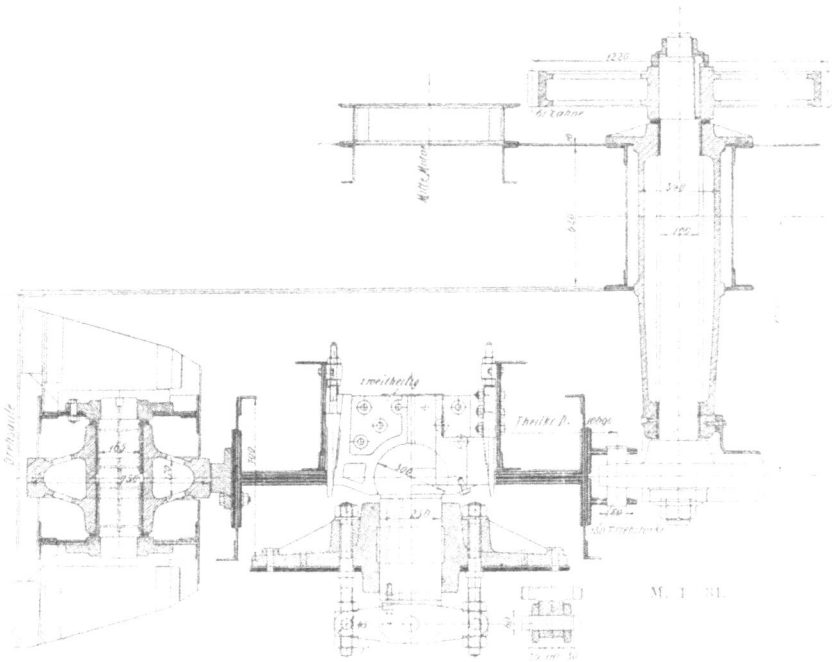

Fig. 33.[1])

daß ferner etwaige Eisenbahngleise jetzt weiter von der Kaikante
vorbeigeführt werden müssen, und daß der landseitige Lagerplatz
um den Kran herum verkleinert wird.

Um zu zeigen, wie sich die Schwenkwiderstände der
Anlaufzeit bei Kranen dieser neuen Anordnung verhalten,
sind als Beispiele die Diagramme eines 150 t-Hammerkrans berechnet worden, der die gleiche Nutzausladung hat wie der 150 t-
Kran der sonst üblichen Ausführung. Dabei ergab sich unter

---

[1]) Schiffbau 1903, IV. Jahrgang.

Zugrundelegung eines dreiseitigen Stützgerüstes, das hierbei etwas günstiger als ein vierseitiges verwendet werden kann, eine Ersparnis an Gesamtausladung von etwa 4,5 m. Entsprechend

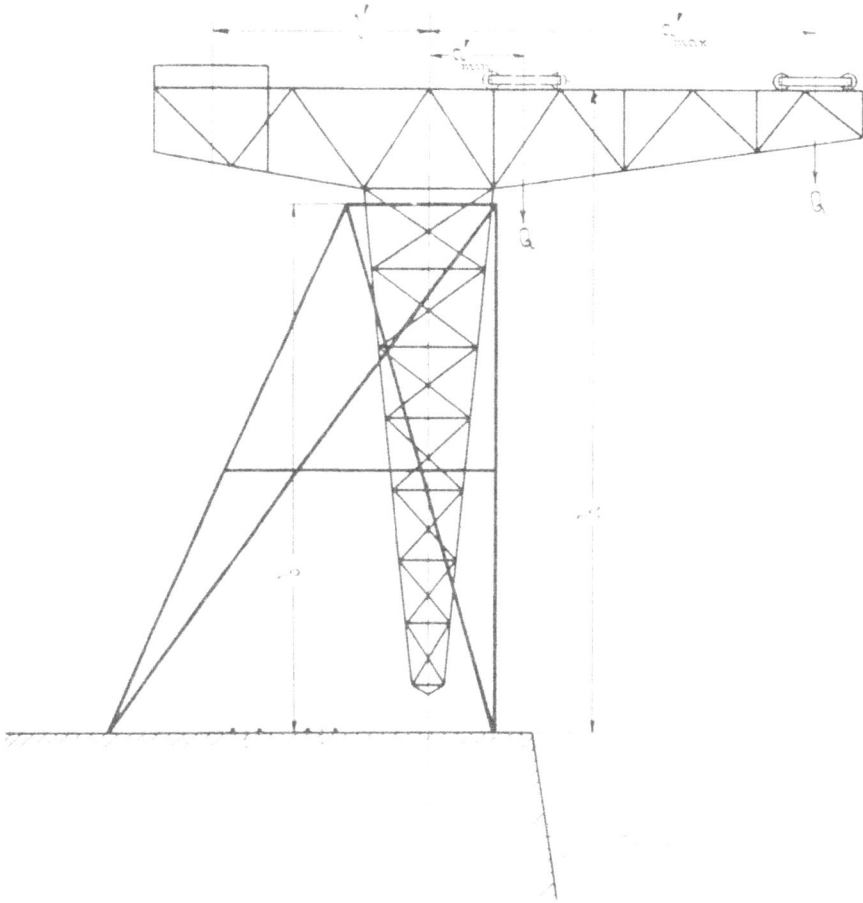

Fig. 34.

dieser Verkürzung der größten Hakenausladung von $a_{max} =$ 25 m auf $a'_{max} = 20,5$ m, wurde dann auch die Gegengewichtsausladung von $l = 14$ m auf $l' = 11,5$ m verringert und ferner die kleinste Ausladung von $a_{min} = 13$ m auf $a'_{min} = 5$ m. Die frühere Höhe $h = 35$ m der Fahrbahn über Kaikante wurde natürlich

4*

beibehalten; ebenso wurden wieder das gleiche Fufslager und — abgesehen von dem Zapfendurchmesser der Laufrollen — auch das gleiche Halsrollenlager wie bei der alten Anordnung angenommen. Um einigermafsen den angestrebten Vergleich mit den übrigen Kranen zu ermöglichen, wurde die Hakengeschwindigkeit für die gröfste Ausladung von $a'_{max} = 20,5$ m bei Null- und Höchstlast ebenso wie früher gewählt und ferner wieder je für die gröfste und kleinste Ausladung konstante Winkelgeschwindigkeit angenommen.

Die Arbeitsgeschwindigkeit des Hakens in kleinster Ausladung wird dann allerdings etwas geringer als bei der früheren Anordnung. Das fällt aber wohl kaum ins Gewicht, da es ja hauptsächlich darauf ankommt, in möglichst kurzer Zeit um die verlangten Winkel zu schwenken. Dies geht aber bei Kranen vorliegender Anordnung am schnellsten, da die Winkelgeschwindigkeiten gegen früher etwas gröfser sind.

4. Derrickkrane.

Die Hammerkrane können wohl die horizontale Ausladung für die Last, nicht aber die Höhenlage des Auslegers über Kaikante verändern. Sie müssen daher — unter gleichzeitiger Rücksichtnahme auf späteres Anwachsen der Schiffsabmessungen — von vornherein mindestens so hoch gebaut werden, dafs sie bequem über die Schornsteine und Decksaufbauten hinwegdrehen können. Dabei ist es ihnen aber manchmal, ohne dafs vorher das Schiff verholt würde, unmöglich, auch gleichzeitig an den Masten und Panzertürmen vorbeizuschwenken. Wollte man auch dies unter allen Umständen ermöglichen, so wären riesige Kranhöhen erforderlich und damit auch bedeutende Kosten bedingt. Hierin liegt vielleicht der einzige Nachteil der Hammerkrane. In manchen Fällen sind daher Derrickkrane, d. h. Drehkrane mit verstellbarem Ausleger, sehr wohl am Platz. Sie können ohne Schwierigkeit zwischen den Masten arbeiten und reichen doch bei richtiger Bemessung bis zu den äufsersten Spitzen der Schiffe hinauf, selbst wenn diese vollständig entleert im Schwimmdock liegen. Dadurch ist dann, namentlich bei schmalem Auslegerkopf, auch ein bequemes Einsetzen der Schiffsmasten möglich.

Ein weiterer Vorteil der Derrickkrane, wenigstens der hier zu untersuchenden Derrickkrane mit festem Dreibock-Gerüst, ist darin zu sehen, daſs sie von allen bisher gebauten Schwerlast-Drehkranen bei gleicher Gesamtausladung die gröſste Nutzausladung gestatten. In dieser Beziehung sind sie selbst etwas denjenigen Hammerkranen überlegen, die nach dem schon besprochenen Vorschlage der Duisburger Maschinenbau-A.-G., vorm. Bechem & Keetmann, mit unsymmetrischem Stützgerüst versehen sind.

Anderseits aber gestatten die Derrickkrane keine so groſse Veränderung der Ausladung wie die Hammerkrane; aus diesem Grunde, und dann aber auch, weil durch das feste Bockgerüst der Schwenkwinkel bis auf etwa 180° beschränkt ist, wird die vom Kranhaken bestrichene Ringfläche verhältnismäſsig klein ausfallen.

Als weiterer Nachteil der Derrickkrane ist hervorzuheben, daſs bei der Wippbewegung des Auslegers ein genaues Einstellen von Lasten, und namentlich das genaue Anpassen von Maschinenteilen beim Montieren, sehr schwierig ist, weil bei jeder Veränderung der Ausladung auch ein Heben oder Senken der Last stattfindet, wenn nicht gleichzeitig die Hubwinde entsprechend mitarbeitet. Da ferner nur selten die Lastseilführung parallel der Verbindungsgeraden von Mitte Auslegerkopfrollen bis Mitte Drehzapfen des Wippauslegers erfolgen kann, so bedingt die Wippbewegung — auch wenn wir von einem gleichzeitigen Mitarbeiten der Hubwinde absehen — in den meisten Fällen noch eine Drehung sämtlicher mit dem Wippausleger verbundenen Seilrollen. Aus diesen Gründen wird jede Veränderung der Ausladung mit groſsen Reibungsverlusten verbunden sein.

Die Wippbewegung kann natürlich mit jedem Drehkran verbunden werden, sie findet sich aber, soweit groſse Lasten in Frage kommen, vorerst nur bei den freistehenden Drehscheibenkranen (einschliefslich Drehscheiben-Schwimmkrane, vgl. S. 29) und bei den Drehkranen mit beschränktem Schwenkwinkel und festem Bockgerüst, also den eigentlichen Derrickkranen.

Wird die Wippbewegung durch Seilzug ausgeführt, so läfst sich das zugehörige Trommeldrehmoment für den Beharrungs-zustand der Bewegung ohne weiteres dadurch konstant machen, dafs man der Trommel eine konische Form gibt. Dieser Vorteil gleichbleibenden Drehmomentes fällt bei Schraubenzug in den üblichen Anordnungen weg.

Für die Derrickkrane, wie sie in dieser Arbeit untersucht werden sollen, ist nur ein praktisches Beispiel vorhanden. Das ist der von der Duisburger Maschinenbau-A.-G., vorm. Bechem & Keetmann, für die Werft von Blohm & Vofs in Hamburg ge-lieferte 150 t-Kran[1]) mit nur einer Ausleger-Fachwerkebene und zwei Schraubenspindeln für die Wippbewegung (Fig. 35). Statt des bei diesem Kran vorhandenen Dampfantriebes wählen wir allerdings, wie ja überall in vorliegender Arbeit, elektrischen Antrieb, und ferner nehmen wir das Fufslager nicht als Gleit-lager, sondern, wie bei den Hammerkranen, als Rollenspur-lager an.

Beim Hamburger Derrickkran ist eine kreisringförmige Gleit-bahn nach Art der Führung von Hobelbankbetten verwendet, um die senkrechten Drucke aufzunehmen. Die wagerechten, vom Kippmoment herrührenden Kräfte werden durch ein oberes und unteres Gleit-Halslager aufgefangen. Zur Konstruktion einer Gleitbahn entschlofs man sich wegen der zur Verfügung stehen-den kleinen Grundfläche von nur etwa 4,5 m Durchmesser. Ein Rollenspurlager, wie wir es bei den Hammerkranen hatten, würde aber kaum mehr Platz beanspruchen und aufserdem einen bedeutend geringeren Reibungsverlust ergeben, da dann statt der gleitenden Reibung nur eine wälzende vorhanden wäre. Vergleichende Rechnungen zeigen, dafs unter normalen Verhältnissen der Reibungswiderstand der Gleitbahn etwa zehnmal gröfser als der-jenige der Rollenspurbahn ist.

---

[1]) Z. d. V. d. I. 1898, S. 437 ff.

Für den 150 t-Hammerkran, der wegen seines Gegengewichtes und auch wegen seines größeren Eigengewichtes einen

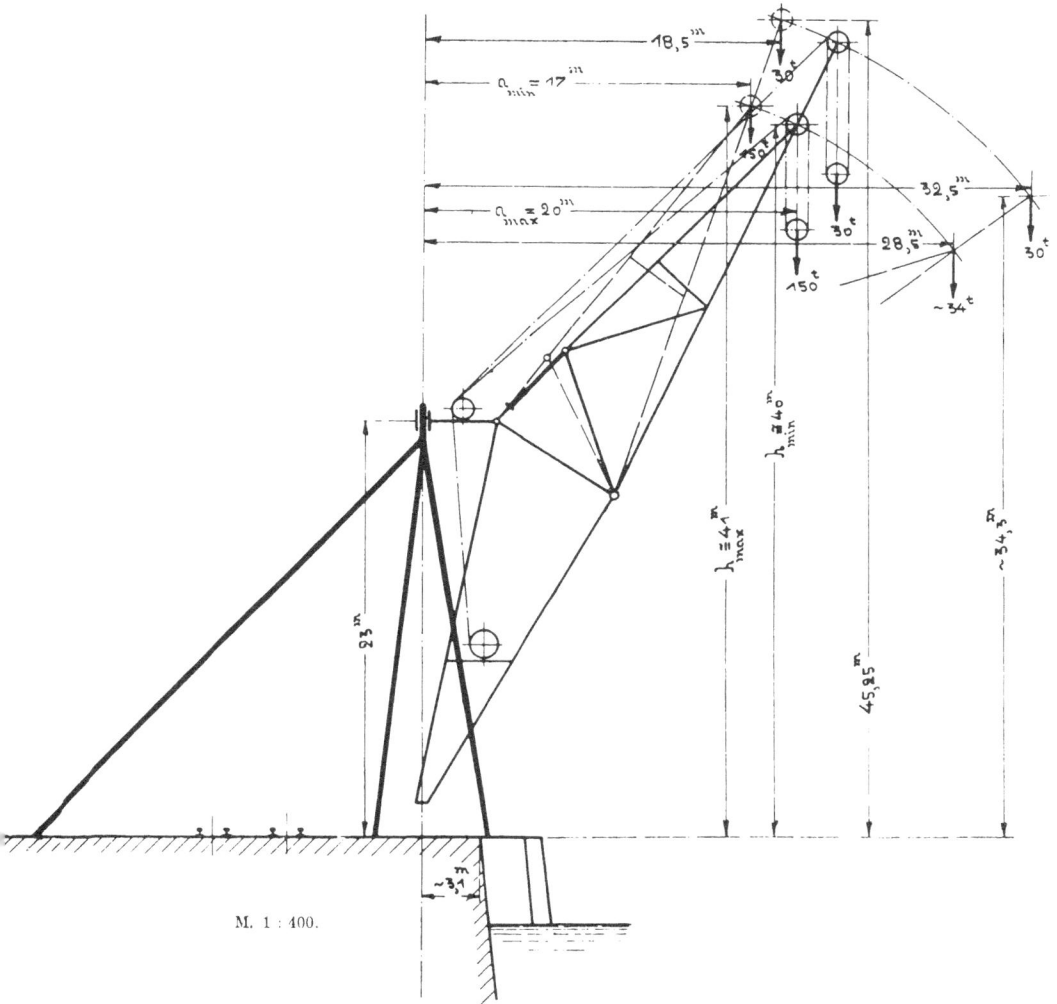

M. 1 : 400.

Fig. 35.

bedeutend größeren Vertikaldruck hervorruft als der entsprechende Derrickkran, genügte ein mittlerer Durchmesser des Spurrollenkranzes von nur 3 m. Es stand also nichts im Wege, für die hier zu untersuchenden Derrickkrane ebenfalls Rollenspurlager anzunehmen.

Die Ermittlung der Diagramme des Hub- und Schwenkwerks erfolgte in gleicher Weise wie früher. Nur ist vielleicht zu bemerken, daſs bei Berechnung des Hubwerkes keine Trennung vorgenommen wurde zwischen Widerständen bei gröſster und solchen bei kleinster Ausladung; der geringe Unterschied, der sich durch die verschieden groſse Belastung der Führungsrollen ergibt und die verschieden groſsen Widerstände der Seilsteifigkeit, wurde also unberücksichtigt gelassen.

Es erübrigt jetzt nur noch, das Wippwerk näher zu betrachten.

Da die Widerstände der Wippbewegung infolge der veränderlichen Gröſse der Hebelarme der Nutzlast, des wippbaren Teiles des Auslegers und auch der Hebelarme der Kraft für die verschiedenen Ausladungen verschieden ausfallen, wird entweder unter Voraussetzung konstanter Winkelgeschwindigkeit der Kraftbedarf schwanken, oder aber, wenn der Arbeitsaufwand als konstant angenommen wird und der Antrieb durch Hauptstrommotore erfolgt, die Winkelgeschwindigkeit der Wippbewegung mit den verschiedenen Ausladungen sich ändern. Wir wollen hier — wie das meist auch wohl der Wirklichkeit entspricht — eine konstante Kraftquelle voraussetzen. Die nach dem Sinusgesetz sich ändernde Winkelgeschwindigkeit bedingt dann allerdings fortwährende Massenwirkungen (Beschleunigungen und Verzögerungen), die aber im allgemeinen so geringfügig sein werden, daſs wir der Einfachheit halber mit genügender Annäherung von der mittleren Geschwindigkeit ausgehen und diese als konstant betrachten können.

Wir wollen hier nur die gröſsten Anlaufwiderstände der Wippbewegung berücksichtigen. Diese ergeben sich natürlich sowohl bei Höchstlast wie bei Nullast für die Bewegung aus der gröſsten Ausladung, weil dann die statischen Widerstände am gröſsten sind, gegen welche die dynamischen Widerstände selbst bei kleinster Ausladung (wo also die Geschwindigkeit am gröſsten ist) fast gänzlich verschwinden. Die auf den Haken reduzierten

Widerstände wurden in ähnlicher Weise wie bei der Schwenkbewegung ermittelt. In der früheren Gleichung

$$P_b = \frac{J_x}{a^2} \cdot p \quad \text{(s. S. 17)}$$

für den Anfahrwiderstand der Auslegerträger, z. B., ist dann also
unter a die Entfernung der Rollenkopfachse von der Wippachse
zu verstehen, und unter J_x das auf diese Achse bezogene Massenträgheitsmoment des wippbaren Auslegerteiles.

Als untere Grenze der Triebwerksreibung für den unbe-
lasteten Wippausleger wurde, wie früher beim Schwenk- und
Laufwerk, $^3/_4$ der Höchstlastreibung festgesetzt.

Im Anschluß an die vorangegangenen allgemeinen Betrachtungen wollen wir versuchen, die genaue
Bestimmung der Halslagerdrucke bei in beschleu-
nigter Schwenkbewegung befindlichen Kranen
abzuleiten, und dann am Beispiel des 150 t-Derrickkranes zeigen,
welche zusätzlichen Beanspruchungen bei der sonst üblichen Berechnung für den Beharrungszustand der Schwenkbewegung
vernachlässigt werden.

Wir benutzen zur Lösung das d'Alembertsche Prinzip; dieses
lautet:

An jedem Körper sind die Ergänzungskräfte (Trägheitskräfte):
[-mp] mit den gesamten äußeren Kräften im Gleichgewicht,
d. h. ihre algebraische Summe ist $= 0$.

Wenden wir diesen Satz auf Körper an, die sich um eine
feste Achse drehen, so ergeben sich, wenn wir in einem räum-
lichen rechtwinkligen Koordinatensystem die X-Achse zur Drehachse wählen, die sämtlichen Ergänzungskräfte [-mp] zur Zeit t
(mit Winkelgeschwindigkeit ω und Winkelbeschleunigung ε) aus
den 6 Gleichungen:

$$X = 0,$$
$$Y = M y_0 \omega^2 - M z_0 \varepsilon,$$
$$Z = M z_0 \omega^2 - M y_0 \varepsilon,$$
$$\mathfrak{M}_x = - \varepsilon J_x,$$
$$\mathfrak{M}_y = - \omega^2 \int xz \, dM + \varepsilon \int xy \, dM = - \omega^2 C_{xz} + \varepsilon \cdot C_{xy},$$
$$\mathfrak{M}_z = \omega^2 \int xy \, dM + \varepsilon \int xz \, dM = \omega^2 C_{xy} + \varepsilon C_{xz}.$$

Hierin bedeuten:

X, Y, Z die Komponenten der durch den Koordinatenursprung
gehenden (und auf ihn bezogenen) resultierenden
Einzelkraft nach den drei Achsen und $\mathfrak{M}_x$, $\mathfrak{M}_y$, $\mathfrak{M}_z$ die
bezüglichen Komponenten des resultierenden Kräfte-
paares, ferner

$M =$ Masse des Körpers,

$\omega =$ Winkelgeschwindigkeit zur Zeit t,

$\varepsilon =$ Winkelbeschleunigung zur Zeit t,

$\left.\begin{array}{l} y_0 \\ z_0 \end{array}\right\} =$ Koordinaten des Schwerpunktes,

$J_x =$ Massenträgheitsmoment, bezogen auf die X-Achse,

$\left.\begin{array}{l} C_{xy} \\ C_{xz} \end{array}\right\} =$ Massen-Zentrifugalmomente, bezogen auf die Achsen X
und Y, bzw. X und Z.

Mit diesen Ergänzungskräften müssen die sämtlichen äußeren
Kräfte (also sowohl Antriebskräfte wie Widerstandskräfte, bzw.
Lagerdrucke usw.) im Gleichgewichte sein.

Die Komponenten der Lagerdrucke in A und B (Fig. 36)
mögen sein:

$\left.\begin{array}{l} A_x, \ B_x, \\ A_y, \ B_y, \\ A_z, \ B_z, \end{array}\right\}$ und die zugehörigen Momente $\left\{\begin{array}{l} M'_x, \\ M'_y, \\ M'_z. \end{array}\right.$

Sind ferner

$\left.\begin{array}{l} R_x, \\ R_y, \\ R_z \end{array}\right\}$ und $\left\{\begin{array}{l} M_x, \\ M_y, \\ M_z \end{array}\right.$

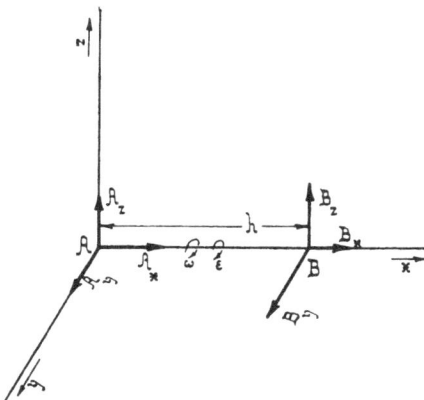

Fig. 36.

die Komponenten der durch
den Ursprung A gehenden resultierenden Einzelkraft R und
des resultierenden Kräftepaares
M, die zusammen den äußeren
Kräften — mit Ausnahme der
Lagerdrucke und der von
ihnen herrührenden Momente
— äquivalent sind, so haben
wir also folgende Hauptgleichungen:

$$A_x + B_x + R_x + X = 0,$$
$$A_y + B_y + R_y + Y = 0,$$
$$A_z + B_z + R_z + Z = 0,$$
$$M'_x + M_x + \mathfrak{M}_x \quad = 0,$$
$$M'_y + M_y + \mathfrak{M}_y \quad = 0,$$
$$M'_z + M_z + \mathfrak{M}_z \quad = 0.$$

Die von den Auflagerdrucken in A und B herrührenden Kräftepaare — der Zeiger deutet die Drehachse an — haben folgende Werte:

$$M'_x = 0,$$
$$M'_y = -B_z \cdot h,$$
$$M'_z = B_y \cdot h.$$

Setzen wir diese Werte sowohl, wie die Werte für die d'Alembertschen Ergänzungskräfte in die Hauptgleichungen ein, dann erhalten wir:

1. $A_x + B_x + R_x = 0,$
2. $A_y + B_y + R_y + M \cdot y_0 \cdot \omega^2 + M \cdot z_0 \cdot \varepsilon = 0,$
3. $A_z + B_z + R_z + M z_0 \omega^2 - M y_0 \varepsilon = 0,$
4. $M_x - \varepsilon \cdot J_x = 0,$
5. $- B_z \cdot h + M_y - \omega^2 \cdot C_{xz} + \varepsilon \cdot C_{xy} = 0,$
6. $B_y \cdot h + M_z + \omega^2 \cdot C_{xy} + \varepsilon \cdot C_{xz} = 0.$

Da zur Bestimmung von A_x und B_x nur Gleichung 1 vorhanden ist, so kann nicht jede Größe einzeln, sondern nur ihre Summe berechnet werden. Die Gleichungen zur Bestimmung der Lagerdrucke in A und B lauten jetzt:

    I. $A_x + B_x = -R_x,$

aus Gleichung 4 folgt:

    II. $M_x = \varepsilon \cdot J_x,$

aus Gleichung 5 und 6 folgt:

    III. $B_z = \dfrac{1}{h} \cdot (M_y - \omega^2 \cdot C_{xz} + \varepsilon \cdot C_{xy})$ und

    IV. $B_y = -\dfrac{1}{h} \cdot (M_z + \omega^2 \cdot C_{xy} + \varepsilon \cdot C_{xz});$

jetzt ist auch:

    V. $A_z = -B_z - R_z - M z_0 \omega^2 + M y_0 \varepsilon$ und
    VI. $A_y = -B_y - R_y - M \cdot y_0 \cdot \omega^2 - M z_0 \varepsilon.$

Beispiel: Ein Auslegerträger von der Länge l (Fig. 37) drehe sich, durch die gewichtslosen Stangen b_1 und b_2 gehalten, mit einer augenblicklichen Winkelgeschwindigkeit ω und Winkelbeschleunigung ε um eine feste Achse, die wir zur X-Achse eines rechtwinkligen Koordinatensystems machen wollen. Da die Dicke des Trägers im Vergleich zu seiner Länge sehr klein ist, dürfen wir ihn mit erlaubter Annäherung als Stab von unendlich kleiner Dicke, d. h. als ebenes Gebilde betrachten. Folglich sind alle Z-Koordinaten (nicht auch Komponenten) $= 0$. Haben wir ferner, wie das bei den hier zu betrachtenden Schwenkbewegungen von Kranen wohl immer der Fall ist, eine oder auch zwei die Drehachse rechtwinklig kreuzende, also zur Y-Z-Ebene parallele Antriebskräfte, so wird auch $M_y = 0$.

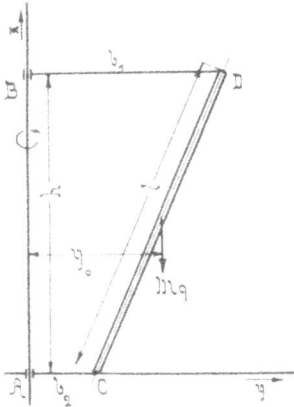

Fig. 37.

Greift beispielsweise im Punkte C des Stabes eine rechtsdrehende und zur X-Y-Ebene senkrechte Einzelkraft P an, so wird:

$$R_x = -Mg, \quad R_y = 0, \quad R_z = P \qquad \text{und} \qquad M_x = P \cdot b_2, \quad M_y = 0, \quad M_z = Mg \cdot y_0 = Mg \cdot \frac{b_1 + b_2}{2},$$

und wir erhalten

I. $A_x + B_x = Mg,$

II. $P \cdot b_2 = \varepsilon \cdot J_x,$

III. $B_z = \dfrac{1}{h} \cdot \varepsilon \cdot C_{xy},$

IV. $B_y = -\dfrac{1}{h}\left(Mg \cdot \dfrac{b_1 + b_2}{2} + \omega^2 \cdot C_{xy}\right),$

V. $A_z = -B_z - P + M \cdot \dfrac{b_1 + b_2}{2} \cdot \varepsilon,$

VI. $A_y = -B_y - M \cdot \dfrac{b_1 + b_2}{2} \cdot \omega^2.$

Das Trägheitsmoment J_x wurde schon auf S. 15 zu

$$J_x = \frac{M}{3} \cdot (b_1{}^2 + b_1 b_2 + b_2{}^2)$$

gefunden. Es bleibt also nur noch das Zentrifugalmoment C_{xy} zu berechnen (Fig. 38):

$$C_{xy} = \int xy\, dM, \text{ wo}$$

$$dM = \frac{\gamma}{g} \cdot F \cdot dl,$$

wenn $F =$ Stabquerschnitt und $\gamma =$ Gewicht der Längeneinheit ist.

$$\Delta C_{xy} = \frac{\gamma}{g} \cdot F \cdot xy \cdot dl;$$

es ist aber

$$dl = \frac{l}{h} \cdot dx \text{ und}$$

$$\frac{y - b_2}{b_1 - b_2} = \frac{x}{h}, \; y = x\frac{b_1 - b_2}{h} + b_2 =$$

$$\frac{x(b_1 - b_2) + b_2 h}{h}, \text{ also}$$

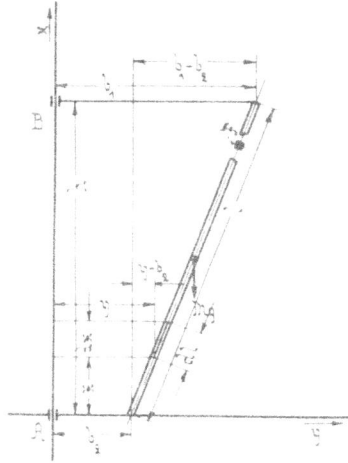

Fig. 38.

$$\triangle C_{xy} = \frac{\gamma}{g} \cdot F \cdot x \cdot \frac{x(b_1 - b_2) + b_2 h}{h} \cdot \frac{l}{h}\, dx,$$

$$C_{xy} = \frac{M}{h^2} \int_0^h [x^2(b_1 - b_2) + x b_2 h]\, dx,$$

$$= \frac{M}{h^2}\left[\frac{h^3}{3}(b_1 - b_2) + \frac{h^2}{2} \cdot b_2 h\right],$$

$$= M\left[\frac{h}{3}(b_1 - b_2) + \frac{h}{2} \cdot b_2\right],$$

$$C_{xy} = M \cdot \frac{h}{6}(2 b_1 + b_2).$$

Diese Werte für J_z und C_{xy} eingesetzt, gibt

I. $A_z + B_y = Mg,$

II. $P \cdot b_2 = \varepsilon \cdot \frac{M}{3}(b_1^2 + b_1 b_2 + b_2^2),$

III. $B_z = \varepsilon \cdot \frac{M}{6}(2 b_1 + b_2),$

IV. $B_y = -\frac{1}{h}\left[Mg \cdot \frac{b_1 + b_2}{2} + \omega^2 \cdot M \frac{h}{6} \cdot (2 b_1 + b_2)\right],$

$$= -\frac{Mg}{h} \cdot \frac{b_1 + b_2}{2} - \frac{M}{6}(2 b_1 + b_2) \cdot \omega^2,$$

V. $A_z = -B_z - P + M \cdot \dfrac{b_1 + b_2}{2} \cdot \varepsilon$,

$\qquad = -\varepsilon \cdot \dfrac{M}{6}(2\,b_1 + b_2) - P + M\dfrac{b_1 + b_2}{2} \cdot \varepsilon$,

$\qquad = M \cdot \varepsilon \left(\dfrac{b_1 + b_2}{2} - \dfrac{2\,b_1 + b_2}{6}\right) - P$,

$\qquad = M \cdot \varepsilon \cdot \dfrac{3\,b_1 + 3\,b_2 - 2\,b_1 - b_2}{6} - P$,

$\qquad = \varepsilon \cdot \dfrac{M}{6}(b_1 + 2\,b_2) - P$,

VI. $A_y = -B_y - M \cdot \dfrac{b_1 + b_2}{2} \cdot \omega^2$,

$\qquad = \dfrac{Mg}{h}\,\dfrac{b_1 + b_2}{2} + \dfrac{M}{6}(2\,b_1 + b_2) \cdot \omega^2 - M \cdot \dfrac{b_1 + b_2}{2} \cdot \omega^2$,

$\qquad = \dfrac{Mg}{h} \cdot \dfrac{b_1 + b_2}{2} + \dfrac{M}{6}(2\,b_1 + b_2 - 3\,b_1 - 3\,b_2) \cdot \omega^2$,

$\qquad = \dfrac{Mg}{h} \cdot \dfrac{b_1 + b_2}{2} - \dfrac{M}{6}(2\,b_1 + 2\,b_2) \cdot \omega^2$.

Die Halslagerpressungen in A und B senkrecht zur Dreh-achse ergeben sich jetzt durch Vereinigung der Komponenten

$$A_y \text{ und } A_z$$

und

$$B_y \text{ und } B_z \,.$$

Befindet sich der Stab im Beharrungszustand der Schwenk-bewegung, d. h. ist $\varepsilon = 0$, und nehmen wir ferner an, dafs der Stab nicht dem Einflufs der Schwere unterworfen ist, d. h. ist $g = 0$, so ist nur noch die Fliehkraft als Ergänzungskraft vor-handen, und wir erhalten:

$\qquad$ I. $A_x + B_x = 0$,

$\qquad$ II. $P = 0$,

$\qquad$ III. $B_z = 0$,

$\qquad$ IV. $B_y = -\dfrac{M}{6} \cdot (2\,b_1 + b_2) \cdot \omega^2$,

$\qquad$ V. $A_z = 0$,

$\qquad$ VI. $A_y = -\dfrac{M}{6} \cdot (b_1 + 2\,b_2) \cdot \omega^2$.

Wo greift (Fig. 39) die Resultierende Y der Fliehkräfte, die allein die Halslagerpressungen A_y und B_y hervorgerufen, an? — Von den Ergänzungskräften (siehe S. 51) bleiben im Beharrungszustand der Drehbewegung nur übrig:

$$Y = M \cdot y_0 \cdot \omega^2$$

und

$$\mathfrak{M}_z = \omega^2 \cdot C_{xy}.$$

Bekanntlich setzt sich das Kräftepaar $\mathfrak{M}_z$ in der gleichen Ebene mit der durch A gehenden Kraft Y zu einer Einzelkraft Y zusammen, die in dieser Ebene gegen die ursprüngliche Kraft Y um $t = \dfrac{\mathfrak{M}_z}{Y}$ im Sinne der positiven X-Richtung parallel mit sich verschoben ist. Also:

Fig. 39.

$$t = \frac{\omega^2 \cdot C_{xy}}{M \cdot y_0 \cdot \omega^2} = \frac{M \cdot \dfrac{h}{6}(2\,b_1 + b_2)}{M \cdot \dfrac{b_1 + b_2}{2}},$$

$$t = \frac{h}{3} \cdot \frac{2\,b_1 + b_2}{b_1 + b_2}.$$

Für $b_2 = O$ ist

$$A_y = -\frac{M}{6} \cdot b_1 \cdot \omega^2 \text{ und}$$

$$B_y = -\frac{2}{6} \cdot M \cdot b_1 \cdot \omega^2, \text{ also}$$

$$t = \frac{2}{3} \cdot h.$$

Die resultierende Fliehkraft greift also hier im Schwerpunkte des Dreiecks CDE an, was ja auch ohne weiteres klar ist, da die sämtlichen Fliehkräfte $\Sigma \triangle Y$ durch diese Dreiecksfläche dargestellt werden können.

Haben wir statt e i n e r Angriffskraft P, die die Drehbewegung erzeugen soll, z w e i gleich große Kräfte, die in gleicher Rich-

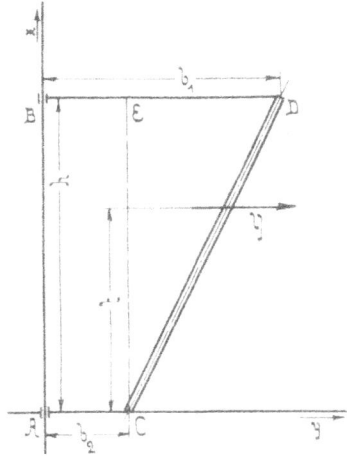

tung und in einer zur X-Achse senkrechten Ebene angreifen und sich diametral gegenüber liegen, so haben wir ein reines Drehmoment in bezug auf diese Achse ohne resultierende Einzelkraft für die Lager. Es wird dann also auch $R_z = O$, und P kommt in der Gleichung V auf Seite 56 zum Wegfall; ferner ist dann unter $P \cdot b_2$ in Gleichung II der Wert für das Drehpaar zu verstehen.

Die genaue Kenntnis der Halslagerdrucke für die beschleunigte Schwenkbewegung hat wohl im allgemeinen wenig praktisches Interesse, da infolge der kleinen Winkelgeschwindigkeiten und Winkelbeschleunigungen die dynamischen Beanspruchungen verhältnismäfsig klein ausfallen. Die genaue Kenntnis des Angriffspunktes der Fliehkraft-Resultierenden dagegen hätte gegebenenfalls Interesse einmal für Drehscheiben-Krane, um deren Standsicherheit im Betriebe beim Schwenken ermitteln zu können, und dann für Drehkrane mit z w e i Halslagern, um zu bestimmen, in welchem Mafse die sonst als gleich angenommenen Halslagerdrucke durch zusätzliche Fliehkräfte verschieden ausfallen. Diese Unterschiede würden natürlich bei Kranen ohne Gegengewicht, also Derrickkranen, am gröfsten sein.

Um zu zeigen, welche Werte wir bei der üblichen Berechnung für den Beharrungszustand vernachlässigen, wollen wir beispielsweise für den 150 t-Derrickkran (Taf. I, Fig. 4 und 5 und Fig. 41, S. 61) den Einflufs auf die Lagerung der Schwenkachse ermitteln, den die Nutzlast von 150 t in der gröfsten Ausladung = 25 m ausübt.

Wir haben (Fig. 40) bisher die Beschleunigung immer als konstant angenommen, nämlich $= tg\ \alpha = \dfrac{\omega}{t_a}$, wo $\omega =$ Winkelgeschwindigkeit im Beharrungszustande und t_a die Anlaufzeit ist. Das wird aber nicht der Wirklichkeit entsprechen, weil dann von A bis C, also während der Anlaufzeit t_a, ein stetiges Anwachsen der Kraft und dann ganz plötzlich eine Kraftverminderung auf den Kraftbedarf des Beharrungszustandes eintreten würde. Der Übergang der Winkelgeschwindigkeit O in die Winkelgeschwindigkeit ω wird sich vielmehr allmählich vollziehen und zwar im allgemeinen nach einer parabelförmigen Kurve. Einem jeden Punkte dieser Kurve entspricht eine bestimmte Winkelgeschwindigkeit ω' und Winkelbeschleunigung ε'. Für den Anfangspunkt A wäre beispielsweise $\omega' = o$ und — vermöge der Eigenschaft der Parabel, wenn wir als solche die Beschleunigungskurve ansehen — $\varepsilon' = 2 \cdot \dfrac{\omega}{t_a}$. Mit Hilfe dieser Winkel-

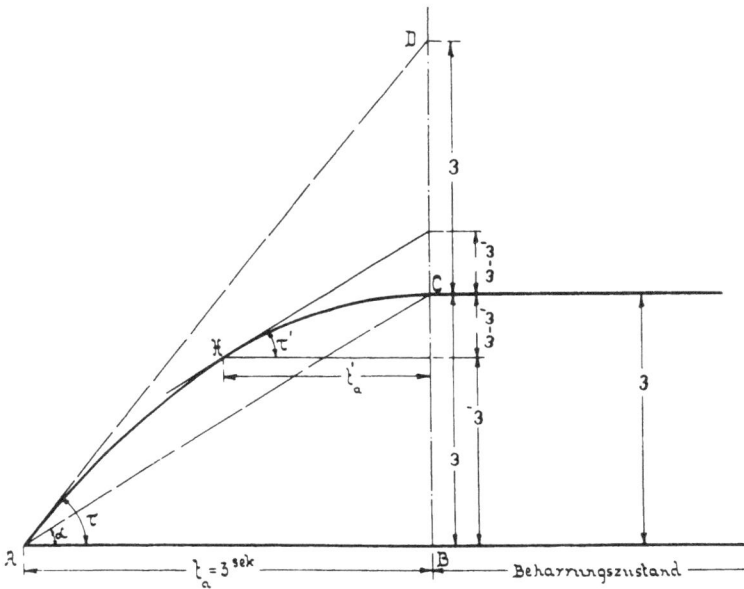

Fig. 40.

beschleunigung müßte daher jede Festigkeits-Rechnung des Triebwerks aus dem Beschleunigungsmoment

$$M_x = J_x \cdot \varepsilon,$$

das sich jetzt doppelt so groß als bei gleichförmiger Beschleunigung ergibt, durchgeführt werden.

Nehmen wir an, daß die Summe aller Wirkungen in der Beschleunigungszeit am größsten in dem Augenblick wird, in dem die Winkelbeschleunigung ε' den gleichen Wert wie bei der gleichförmigen Beschleunigung hat, nämlich

$$\varepsilon' = tg\ \tau' = 2\ \frac{\omega - \omega'}{t'_a} = \varepsilon = tg\ \alpha = \frac{\omega}{t_a},$$

so muß für diesen Augenblick noch das zugehörige t'_a und ω' ermittelt werden. Zu diesem Zwecke bestimmen wir zunächst aus der Scheitelgleichung der Parabel

$$y^2 = 2\,px$$

den Parameter $2\,p$, indem wir darin

$$y = t_a \text{ und}$$
$$x = \omega \text{ einsetzen.}$$

Wir finden dann

$$2\,p = \frac{t_a^2}{\omega} \quad (= \text{konst.}).$$

Sind

$$y = t'_a \text{ und}$$
$$x = \omega - \omega'$$

die Koordinaten des gesuchten Kurvenpunktes X, so haben wir zur Bestimmung von t'_a die beiden Gleichungen:

1) . . . . $t'^2_a = \dfrac{t_a^2}{\omega}\,(\omega - \omega')$ und

2) . . . . $2\,\dfrac{\omega - \omega'}{t'_a} = \dfrac{\omega}{t_a}$.

Aus 2) erhalten wir

$$\omega - \omega' = \frac{\omega\, t'_a}{2\,t_a}$$

und ferner aus 1), wenn wir diesen Wert für $\omega - \omega'$ einsetzen,

$$t'_a = \frac{t_a}{2} .$$

Jetzt ergibt sich aus

$$\omega - \omega' = \frac{\omega \cdot t'_a}{2\,t_a}$$

$$\omega' = \frac{3}{4}\,\omega.$$

In Wirklichkeit werden also — parabelförmiges Anwachsen der Geschwindigkeit vorausgesetzt — zu dem der gleichförmigen Beschleunigung entnommenen Wert $\varepsilon = tg\,\alpha = \dfrac{\omega}{t_a}$ nicht die Größen t_a und ω gehören, sondern

$$t'_a = \frac{t_a}{2} \text{ und}$$

$$\omega' = \frac{3}{4}\,\omega.$$

Der Einfluss der Nutzlast hängt natürlich von deren Gestalt ab. Wir wollen sie aber hier einfach als Massenpunkt im

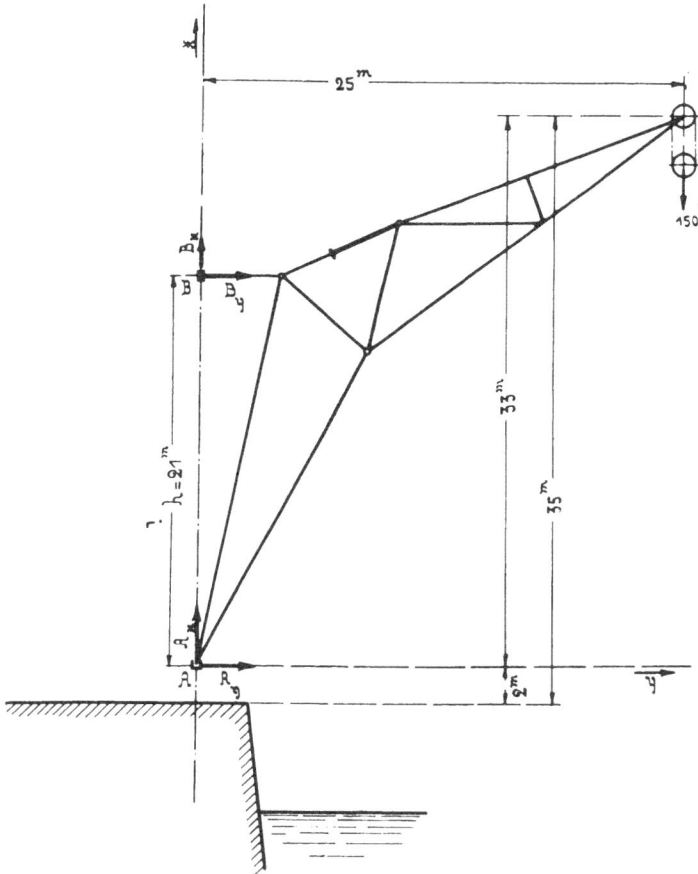

Fig. 41.

Abstand = 25 m von der Schwenkachse betrachten und dann die mit römischen Ziffern versehenen Gleichungen auf Seite 53 anwenden. Sehen wir jetzt den Kran mit erlaubter Annäherung als ebenes, in der X-Y-Ebene liegendes Gebilde an, dann fallen sämtliche Z-Koordinaten (nicht auch Komponenten) aus den Gleichungen heraus. Es ist dann (Fig. 41)

5*

I. $A_x + B_x = -R_x, = -150\,000$ kg;

II. $M_x = \varepsilon \cdot J_x$, wo

$$\varepsilon = tg\, v' = tg\, \alpha = \frac{\omega}{t_a} = \frac{0{,}024\ ^{1/\mathrm{sec}}}{3^{\mathrm{sec}}} = 0{,}008\ ^{1/\mathrm{sec}^2}$$

und $J_x = \dfrac{150\,000^{\mathrm{kg}}}{10^{\mathrm{m/sec}^2}} \cdot 625^{\mathrm{m}^2} \sim 9\,360\,000\ ^{\mathrm{kgmsec}^2}$

ist; also

$$M_x = 0{,}008\ ^{1/\mathrm{sec}^2} \cdot 9\,360\,000\ ^{\mathrm{kgmsec}^2} \sim 75\,000\ ^{\mathrm{kgm}}.$$

Der Zahndruck möge in die positive Z-Richtung (aus der Zeichnung heraus) fallen; liegt dann aufserdem noch die Ebene der Zahnräder in der Y-Z-Ebene, so dafs der Zahndruck ganz vom unteren Halslager aufgenommen werden mufs, so ist

$$M_y = O;$$
$$M_z = 150\,000^{\mathrm{kg}} \cdot 25^{\mathrm{m}} = 3\,750\,000^{\mathrm{kgm}};$$

ferner ist

$$C_{xz} = O,\ \mathrm{da}\ z = O;$$
$$C_{xy} = \frac{150\,000^{\mathrm{kg}}}{10^{\mathrm{m/sec}^2}} \cdot 33^{\mathrm{m}} \cdot 25^{\mathrm{m}} \sim 1\,235\,000^{\mathrm{kgmsec}^2}.$$

Ist der Durchmesser des Triebstockteilkreises $= 2700$ mm, dann wäre für die angenommene Anfahrzeit von 3 sec. bei Verwendung von nur einem, nach der positiven Y-Richtung gelegenen Ritzel der Zahndruck

$$P = \frac{75\,000^{\mathrm{kgm}}}{1{,}35^{\mathrm{m}}} \sim 55\,500^{\mathrm{kg}},$$

also

$$R_z \sim 55\,500\ \mathrm{kg};$$
$$R_y = 0.$$

Wir haben also ferner

III. $B_z = \dfrac{1}{h} \cdot \varepsilon \cdot C_{xy}$,

$\qquad = \dfrac{1}{21^{\mathrm{m}}} \cdot 0{,}008^{1/\mathrm{sec}^2} \cdot 1\,235\,000^{\mathrm{kgmsec}^2} \sim 470^{\mathrm{kg}};$

IV. $B_y = -\dfrac{1}{h} \cdot (M_z + \omega^2 \cdot C_{xy})$, wo $\omega = \dfrac{3}{4} \cdot 0{,}024\ ^{1/\mathrm{sec}} = 0{,}018^{1/\mathrm{sec}}$,

$\qquad \omega^2 = 0{,}000324^{1/\mathrm{sec}^2}$,

also

$$B_y = - \frac{1}{21^{\mathrm{m}}} \left(3\,750\,000^{\mathrm{kgm}} + 0,000324^{\mathrm{1/sec^2}} \cdot 1\,235\,000^{\mathrm{kgmsec^2}}\right),$$

$$= - \frac{1}{21^{\mathrm{m}}} \left(3\,750\,000^{\mathrm{kgm}} + 400^{\mathrm{kgm}}\right) \backsim - 178\,500^{\mathrm{kg}};$$

V. $A_z = - B_z - R_z + My_0 \cdot \varepsilon,$

$$= - 470^{\mathrm{kg}} - 55\,500^{\mathrm{kg}} + \frac{150\,000^{\mathrm{kg}}}{10^{\mathrm{m/sec^2}}} \cdot 25^{\mathrm{m}} \cdot 0,008^{\mathrm{1/sec^2}},$$

$$= - 470^{\mathrm{kg}} - 55\,500^{\mathrm{kg}} + 3000^{\mathrm{kg}} \backsim - 53\,000^{\mathrm{kg}};$$

VI. $A_y = - B_y - My_0 \cdot \omega^2,$

$$= + 178\,500^{\mathrm{kg}} - \frac{150\,000^{\mathrm{kg}}}{10^{\mathrm{m/sec^2}}} \, 25^{\mathrm{m}} \cdot 0,000324^{\mathrm{1/sec^4}}$$

$$= 178\,500^{\mathrm{kg}} - 120^{\mathrm{kg}} \backsim 178\,400^{\mathrm{kg}}.$$

Die Resultierenden aus A_y, A_z und B_y, B_z sind jetzt

$$A^t = \sqrt{178^2,4 + 53^2} \backsim 186^t \text{ und}$$

$$B^t = \sqrt{178^2,5 + 0^2,47} \backsim 178,5^t.$$

Die sonst übliche Berechnung der Halslagerdrucke würde ergeben

$$A_y^t = B_y^t = B^t = \frac{150^t \cdot 25^{\mathrm{m}}}{21^{\mathrm{m}}} \backsim 178,5^t$$

und, da für A_z jetzt der Zahndruck $= 55,5^t$ einzusetzen ist,

$$A^t = \sqrt{178^2,5 + 55^2,5} \backsim 187^t.$$

Das Beispiel zeigt, daſs beim Kranschwenken Zahndruck und Kippmoment selbst bei unverhältnismäſsig kleinen Beschleunigungszeiten von so ausschlaggebendem Einfluſs sind, daſs Fliehkräfte, Zentrifugalmomente usw. jederzeit vernachlässigt werden können. Wir haben hier allerdings nur die Nutzlast berücksichtigt; die eigentlichen Kranmassen aber werden das Resultat ebenfalls kaum merklich beeinflussen, da ihr auf die Schwenkachse bezogenes Trägheitsmoment noch kleiner als das der Nutzlast ist.

Zu dem vollständigen Vergleich der hier besprochenen Krantypen gehört noch der Hinweis auf die verschiedenen

Gründungskosten.

In dieser Arbeit sind nur die Fundamente der gröfsten der untersuchten Drehkrane, also der 150 t-Krane, berechnet worden. Die hier gewonnenen Ergebnisse werden sich aber sinngemäfs auch auf die Krane für 50 t und 100 t Nutzlast anwenden lassen.

Nehmen wir für den 150 t-Drehscheibenkran (alte Form) ein volles kreisrundes Fundament an (Fig. 42), so ergibt sich die gröfste Kantenpressung σ_{max}, entweder aus den vorhandenen Tabellen für die Berechnung der Fabrikschornsteine, oder aber aus der Gleichung

$$\sigma_{max} = \frac{P}{F}\left(1 + \frac{a}{r}\right) = \sigma\left(1 + \frac{a}{r}\right).$$

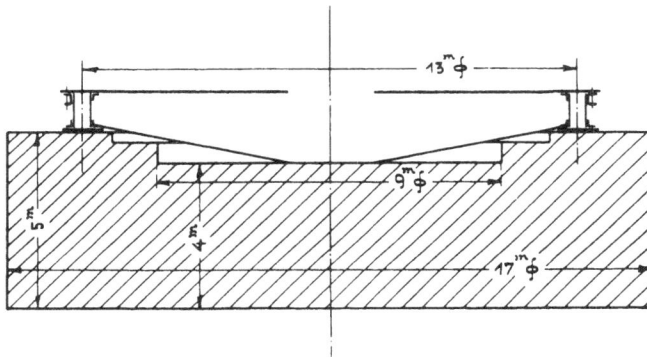

Fig. 42.

Hierin ist

P = Resultierende aus Kran- und Fundamentdruck, also = Gesamtbodendruck,

F = Bodenfläche des Fundaments,

σ = mittlere Bodenpressung durch P bei zentraler Belastung,

a = Abstand der Resultierenden P von der Kranschwenkachse und

r = Halbmesser der Kernfläche, also bei Vollkreis = $\frac{1}{8}$ Kreisdurchmesser der Bodenfläche des Fundaments.

Der hier gewählte Drehscheibenkran übt auf das Fundament einen gröfsten Vertikaldruck von 660 t aus. Da dieser (bei Höchstlast) in der Entfernung = 4,5 m von der Schwenkachse angreift, so ergibt sich bei einem Gewicht des Betonfundaments von 2100 t der Abstand a der Resultierenden P zu

$$a = \frac{660^{t} \cdot 4{,}5^{m}}{660^{t} + 2100^{t}} \backsim 1{,}1^{m}.$$

Der Durchmesser des aufsen 5 m tiefen Fundaments ergab sich konstruktiv zu 17 m; folglich ist

$$r = \frac{17^{m}}{8} \backsim 2{,}1^{m}.$$

Da a kleiner als r ist, also die resultierende Druckkraft P innerhalb der Kernfläche angreift, so treten auf der ganzen Bodenfläche nur Druckspannungen auf.

Setzen wir z e n t r a l e Belastung des Fundaments durch P voraus, so ergibt sich eine Bodenpressung

$$\sigma = \frac{2\,760\,000^{kg}}{2\,270\,000^{cm^2}} \backsim 1{,}2^{atm}.$$

Die in Wirklichkeit auftretende gröfste Kantenpressung ist daher

$$\sigma_{max} \backsim 1{,}2^{atm} \cdot \left(1 + \frac{1{,}1^{m}}{2{,}1^{m}} \right),$$
$$\backsim 1{,}2^{atm} \cdot 1{,}5 \backsim 1{,}8^{atm}.$$

Diesen Wert, der selbst für den schlechten Baugrund im Hafen- und Werftgelände im allgemeinen als vollkommen zulässig anzusehen ist, wollen wir annähernd auch für die Fundamente der übrigen Krane beibehalten.

Das Fundament für den 150 t - D r e h s c h e i b e n - T - K r a n der ja den gleichen Rollbahndurchmesser wie der vorige Kran hat, wollen wir ebenso wie vorhin annehmen. Dann ergibt sich bei einem Gesamtbodendruck $P = 2860$ t, ferner einem $a = 1{,}2$ m und einer mittleren Pressung $\sigma \backsim 1{,}3$ atm ein gröfster Kantendruck

$$\sigma_{max} = 2 \text{ atm.}$$

Bei der Fundamentberechnung des 150 t - H a m m e r k r a n s ist nur die v i e r seitige Stützpyramide berücksichtigt und dementsprechend ein prismatischer zusammenhängender Betonklotz von $17^{m} \cdot 17^{m}$ quadratischer Bodenfläche und 8 m Tiefe (Fig. 43

und 44) als Fundament gewählt worden. Setzen wir das Raum-
einheitsgewicht des Betons $= 2$, so ergibt sich demnach ein
Fundamentgewicht von rund 4600 t. Die geringste Kernweite der
angenommenen quadratischen Grundfläche ist

$$r_{\min} \curvearrowright 0,12 \cdot 17^{\mathrm{m}} \curvearrowright 2^{\mathrm{m}}.$$

Nehmen wir kurz den ungünstigsten Fall an, daß die zugehörige Kippkante den Abstand $\dfrac{b}{2}$ von der Schwenkachse hat,
so ergibt sich a aus dem Kippmoment des Krans, seinem Vertikaldruck und aus dem Gewicht des Fundaments. Kippmoment

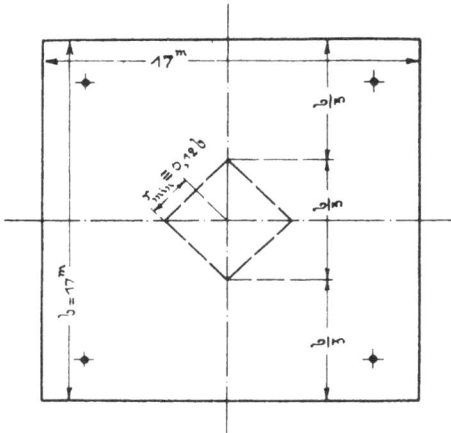
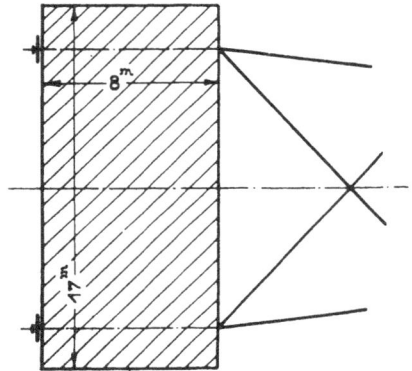

Fig. 43.   Fig. 44.

und Vertikaldruck müssen dabei für die eingefahrene unbelastete
Katze bestimmt werden; denn die Kippgefahr ist ja dann —
völlig ausgeglichener Hammerkran vorausgesetzt — aus dem Grunde
am gröfsten, weil dann die erhaltenden, bzw. wie das Fundament
wirkenden, senkrechten Drucke um die Höchstlast kleiner sind.

Da hier $a \curvearrowright 0,5$ m, also kleiner als $r_{\min}$ gefunden wurde,
so erleidet die Fundamentsohle nur Druckkräfte, und eine Kippgefahr liegt also nicht vor.

Die gröfste Kantenpressung ergab sich wie beim Drehscheiben-T-Kran zu

$$\sigma_{\max} = 2 \text{ atm.}$$

Das Dreibockgerüst des 150 t-Derrickkrans hat drei einzelne, durch Fachwerkkonstruktion miteinander verbundene Fundamente (Taf. I, Fig. 4 und 5), nämlich zwei äußere, für die äußeren Bockstreben, und ein mittleres Fundament für das Kranfußlager und die mittlere Bockstrebe. Bei einer Fundamenttiefe von 5 m ergab sich für den äußeren landseitigen Fundamentblock ein Gewicht von rund 250 t. Das am Wasser liegende äußere Fundament erhielt, weil es gleichzeitig einen Teil der Kaimauer ersetzt, also aus konstruktiven Gründen, größere Abmessungen. Der mittlere Fundamentblock, der eigentlich zwei Fundamente in sich vereinigt, ist natürlich am schwersten. Das Gesamtgewicht der Fundamente beträgt rund 1400 t, die größte Kantenpressung etwa

$$\sigma_{max} \sim 1,5 \text{ atm.}$$

Vergleichen wir die gefundenen Werte miteinander, so geht daraus hervor, daß die Derrickkrane die leichtesten Fundamente von den hier behandelten Kranen besitzen, dann folgen, in der Reihenfolge ihrer Leistungsfähigkeit, die Drehscheibenkrane (alte Form), die Drehscheiben-T-Krane (neue Form) und endlich die Hammerkrane mit vierseitiger Stützpyramide, die weitaus das schwerste Fundament besitzen. Hiernach läßt sich aber noch nicht ohne weiteres ein Schluß auf die Gründungskosten ziehen, wenigstens dann nicht, wenn die Fundamentierungskosten der Derrickkrane mit denen der übrigen Krane verglichen werden sollen.

Die Gründung der Derrickkrane verlangt drei besondere Fundamentgruben, die meistens alle mit Spundwänden versehen werden müssen. Dadurch werden die Gründungskosten natürlich bedeutend erhöht, aber es läßt sich ohne nähere praktische Untersuchungen noch nicht mit Bestimmtheit angeben, wieviel diese Mehrkosten betragen, und wie groß bei den gleichen Anlagekosten ein einzelnes, zusammenhängendes Fundament werden darf.

Sehen wir von den Forderungen, die mit örtlichen Verhältnissen zusammenhängen, ab, so können wir durch Änderung der Gestalt des festen Dreibockgerüstes die Fundamente der Derrickkrane natürlich beliebig verkleinern. Damit ist dann aber eine gleichzeitige Kostenvermehrung durch gröfsere Eisenkonstruktionen der Bockstreben und des unter Flur liegenden eisernen Rostes verbunden, der die einzelnen Fundamente miteinander verbindet.

Das Gleiche gilt von Hammerkranen, die, statt einer vierseitigen Pyramide mit zusammenhängendem Fundament, eine dreiseitige Pyramide mit getrennten Fundamenten besitzen.

Bei den übrigen Kranen können wir aber die Gründungskosten ohne weiteres der Gestalt und dem Gewicht ihrer Fundamente entnehmen. Daraus ergibt sich also, dafs die alten Drehscheibenkrane, wenn wir von den 150 t-Kranen auch auf die übrigen Schwerlast-Krane schliefsen dürfen, bei kleinster Fundamentfläche die geringsten Fundamentierungskosten verlangen; dann folgen die Drehscheiben-T-Krane und schliefslich die Hammer-Krane.

Geht hieraus hervor, wie die gröfsere Leistungsfähigkeit der Krane nur durch gröfsere Gründungskosten erkauft wird, so zeigen die Diagramme (Taf. V—XII), dafs ähnliches bezüglich der Bewegungswiderstände in der Anfahrzeit gilt, wenigstens soweit es sich um die Schwenkwiderstände handelt.

Die Widerstände der Hubwerke (Taf. V, Fig. 45 bis 47) sind bei den Katzenkranen am geringsten und bei den Derrickkranen am gröfsten. Der Unterschied ist aber nicht so bedeutend, als dafs aus diesem Grunde allein die eine oder andere Kranart vorzuziehen wäre.

Die gröfsten Verschiedenheiten zeigen sich bei den Widerständen der Schwenkwerke (Tafel VI—X). Hier sind, wenn wir die Summen aller Widerstände miteinander vergleichen, bei gröfster und selbst bei kleinster Ausladung die Derrickkrane allen anderen voraus (Tafel IX, Fig. 57a bis 59a und 57b bis 59b). Das ist auch ohne weiteres verständlich, weil sie nur aus einer Fachwerkebene bestehen, kein Gegengewicht haben und daher von allen Kranen das geringste Eigengewicht besitzen. Dann kommen, in der gleichen Reihenfolge wie bei den Gründungskosten, die Drehscheibenkrane (alte Form) (Tafel VI, Fig. 48 bis 50), die Drehscheiben-T-Krane (neue Form) (Tafel VII, Fig. 51a bis

53 a und 51 b bis 53 b) und endlich die Hammerkrane (Tafel VIII,
Fig. 54 a bis 56 a und 54 b bis 56 b). Also selbst die Drehscheiben-
T-Krane sind, obwohl sie ungefähr gleichen Anforderungen genügen, den Hammerkranen in bezug auf die Gesamtanfahr-
widerstände, wenn auch unbedeutend, überlegen, und das liegt
hauptsächlich daran, dafs die Drehscheiben-T-Krane mit Rücksicht
auf ihre Standsicherheit einen meist kürzeren Gegengewichtsausleger erhielten und infolgedessen kleinere Massenwiderstände
des Krans und im Zusammenhange damit auch kleinere Reibungswiderstände des Triebwerks in der Anfahrzeit aufweisen.
Allerdings haben die beiden 150 t-Krane gleiche Ausleger für
ihr Gegengewicht, dafür ist hier aber dasjenige des Drehscheiben-
T-Krans um 40 t leichter, weil die der Rechnung zugrunde
gelegte Kippkante, liegt sie nach der Last hin, den Hebelarm
des Gegengewichts vergröfsert, und liegt sie bei unbelasteter
ganz eingefahrener Katze nach dem Gegengewicht hin, dieses
in seiner Wirkung durch Verkleinerung des zugehörigen Hebelarmes abschwächt. Diese durch die Drehscheibe bedingte ausgleichende Wirkung fällt natürlich bei den Hammerkranen weg,
da hier der wirksame Gegengewichtshebelarm seine Gröfse
beibehält.

Aber sogar die Laufrollen- und Zapfenreibung ist, wenigstens
für die Höchstlast in ihrer gröfsten Ausladung, bei den Drehscheiben-T-Kranen durchweg etwas geringer als die Halsrollen-
und Fufslagerreibung der Hammerkrane. Dafs dies der Fall ist,
trotz des grofsen Hebelarmes, an dem die hier hauptsächlich in
Frage kommende Laufrollenreibung der Drehscheibe angreift,
liegt eben daran, dafs bei den Hammerkranen unter hohem
Druck zweimal gleitende Reibung auftritt, einmal in dem Halslager am Fufse der Kransäule und dann an den Laufrollenzapfen
des oberen Halslagers. Bei vollbelasteter ganz eingefahrener
Katze ändert sich das aber zugunsten der Hammerkrane. Während jetzt die Drehscheibenkrane ihre Laufrollenreibung — gegen
die, wie schon bemerkt, die Reibung des Mittelpunktzapfens vernachlässigt werden kann — beibehalten, tritt bei den Hammerkranen, infolge verkleinerten Kippmoments, eine bedeutende Ver-

minderung der verhältnismäfsig grofsen Gleitlagerreibungen ein, und nur das kleine Rollenspurlager erzeugt nach wie vor gleiches Reibungsmoment bezüglich der Kranschwenkachse.

Aus ähnlichen Gründen ist auch bei unbelasteter Katze in gröfster Ausladung die Halsrollen- und Fufslagerreibung der Hammerkrane kleiner als die entsprechende Laufrollen- und Zapfenreibung der Drehscheiben-T-Krane. Das Umgekehrte gilt aber für die unbelastete Katze in kleinster Ausladung, weil dann wunschgemäfs das Kippmoment der Hammerkrane wieder seinen gröfsten Wert hat.

Die nach dem Vorschlage der Duisburger Maschinenbau-A.-G., vormals Bechem & Keetmann, mit unsymmetrischem Stützgerüst versehenen Hammerkrane (Fig. 34, Seite 45) scheinen den entsprechenden Drehscheiben-T-Kranen, soweit es sich um die vollbelastete und unbelastete Katze in gröfster Ausladung handelt, und soweit wir von den 150 t-Kranen auf die übrigen Schwerlastkrane schliefsen können, etwas überlegen zu sein (Tafel X, Fig. 60a und 60b). Der Unterschied ist allerdings nicht grofs, und wir können daher mit hinreichender Annäherung die am Haken in der gröfsten Ausladung = 20,5 m gemessenen Gesamtwiderstände dieser neuen Anordnung ebenso grofs annehmen wie die am Haken in der gröfsten Ausladung = 25 m gemessenen Gesamtwiderstände der Drehscheiben-T-Krane und selbst der früheren Hammerkrane. Somit stehen die auf die Schwenkachse bezogenen Momente der Gesamtwiderstände bei den Laufkatzendrehkranen annähernd in direktem Verhältnis zur Ausladung. Da aber — wenn wir wieder auf das vorliegende Beispiel zurückgreifen — der Haken der neuen Anordnung, nach früherer Voraussetzung, in 20,5 m gröfster Ausladung die gleiche Schwenkgeschwindigkeit haben soll wie der Haken der übrigen 150 t-Krane in 25 m gröfster Ausladung, so mufs natürlich das vom Motor zu leistende gröfste Drehmoment in beiden Fällen gleich grofs sein; denn in gleichem Mafse, wie die Ausladung kleiner wird, wird dann auch das Übersetzungsverhältnis zwischen Motor- und Kranachse kleiner. Für die Wahl des Motors ist es also ganz gleichgültig, welche der beiden Anordnungen wir wählen.

Ein Vorteil ist aber entschieden darin zu sehen, daſs wir es mit kleineren Kräften überhaupt zu tun haben und daſs die Gesamt-Triebwerksübersetzung kleiner ausfällt. Auſserdem werden durch Ersparnis an Eisenkonstruktionsgewicht die Kosten des Auslegers vermindert, einmal, weil seine wagerechte Länge kleiner wird, und dann auch, weil wir mit kleineren Stabquerschnitten auskommen.

Bei kleinster Ausladung haben die auf den Haken bezogenen Gesamtschwenkwiderstände für die vollbelastete und unbelastete Katze gröſsere Werte als die entsprechenden Widerstände des 150 t-Drehscheiben-T-Krans und des 150 t-Hammerkrans der sonst gebräuchlichen Anordnung. Hier sind die Unterschiede verhältnismäſsig groſs, aber das wird wahrscheinlich damit zusammenhängen, daſs die kleinste Ausladung gegen früher verringert und auch eine andere Hakengeschwindigkeit vorhanden ist.

Die Widerstände der Laufwerke (Taf. XI, Fig. 61—63) haben natürlich nur Wert für den Vergleich zwischen Kranen, die ihre Ausladung verändern können. Da die Drehscheiben-T-Krane und Hammerkrane gleiche Laufkatzen haben, sind auch die entsprechenden Diagramme gleich. Ein kleiner Unterschied besteht nur bei den neuen Hammerkranen mit unsymmetrischem Stützgerüst und zwar deshalb, weil hier infolge gröſserer Winkelgeschwindigkeit auch eine gröſsere Katzenfliehkraft vorhanden ist.

Ganz unverhältnismäſsig gröſsere Widerstände treten auf, wenn die Veränderung der Ausladung durch eine Wippbewegung erfolgt. Wie die entsprechenden Diagramme zeigen (Taf. XII, Fig. 64—66), können dann die Gesamtwiderstände etwa 30—40 mal so groſs wie bei Verwendung von Laufkatzen werden. Da ferner die Massenwiderstände hier nur eine ganz untergeordnete Rolle spielen, werden auch in der Beharrungszeit der Bewegung die groſsen Gesamtwiderstände annähernd ihren Wert beibehalten. Dieses ungünstige Resultat rührt namentlich von der auſserordentlich groſsen Triebwerksreibung her, die hauptsächlich durch den schlechten Wirkungsgrad der Schraubenspindeln verursacht wird. Aber auch die Nutzlast, die ja hier vollständig als Widerstand zur Geltung kommt, und ferner der durch die hohe Übersetzung zwischen Motor und Wippausleger bedingte groſse

Massenwiderstand des Ankers tragen dazu bei, das Resultat ungünstig zu beeinflussen.

Die Widerstände der Wippbewegung des Auslegers sind so bedeutend, dafs im Vergleich hierzu die mit den Derickkranen verbundene Ersparnis an Schwenkwiderständen gänzlich zurücktreten mufs. Berücksichtigen wir gleichzeitig die schon früher erwähnten Nachteile dieser Kranart, so kommen wir zu dem Ergebnis, dafs sie wohl nur zur Befriedigung ganz besonderer Anforderungen am Platze ist, im übrigen aber mit den anderen Kranen nicht in Wettbewerb treten kann. Hierin sind selbst die alten Drehscheibenkrane eingeschlossen. Diese gestatten allerdings keine Veränderung der Ausladung, haben aber vollständige Schwenkfreiheit und weisen vor allem keine Bewegung auf, die, einem besonderen Zweck zuliebe, ganz unverhältnismäfsig viel Kraft verzehrt.

Verlangen wir ungefähr gleiche Leistungsfähigkeit, so bleiben für einen brauchbaren Vergleich eigentlich nur noch die Laufkatzenkrane übrig. Hierbei zeigt sich also nach den früheren Ausführungen und an Hand der Diagramme, dafs die Drehscheiben-T-Krane keineswegs den Hammerkranen so sehr unterlegen sind, wie wohl meistens angenommen wird, dafs sie vielmehr bei ungefähr gleich grofsen Gesamt-Anfahrwiderständen nur den einen Nachteil haben, dafs sie insbesondere den Kaiverkehr der Eisenbahn beeinträchtigen. Selbst die Hammerkrane mit unsymmetrischem Stützgerüst ändern an diesem Resultate nichts, obschon sie doch eine kleinere Fläche bestreichen und in dieser Beziehung sogar eine geringere Leistungsfähigkeit besitzen.

Die Widerstandsdiagramme sind für je drei Krane einer jeden Type berechnet worden. Das geschah, um festzustellen, in welcher Weise Änderungen der Gröfse und Tragfähigkeit die Bewegungswiderstände beeinflussen. Wenn auch mit steigenden Abmessungen und steigender Tragkraft die Gesamtwiderstände und meist sogar die Einzelwiderstände wachsen, so zeigte sich doch, dafs eine bestimmte, für alle Diagramme gültige Proportionalität nicht vorhanden ist.

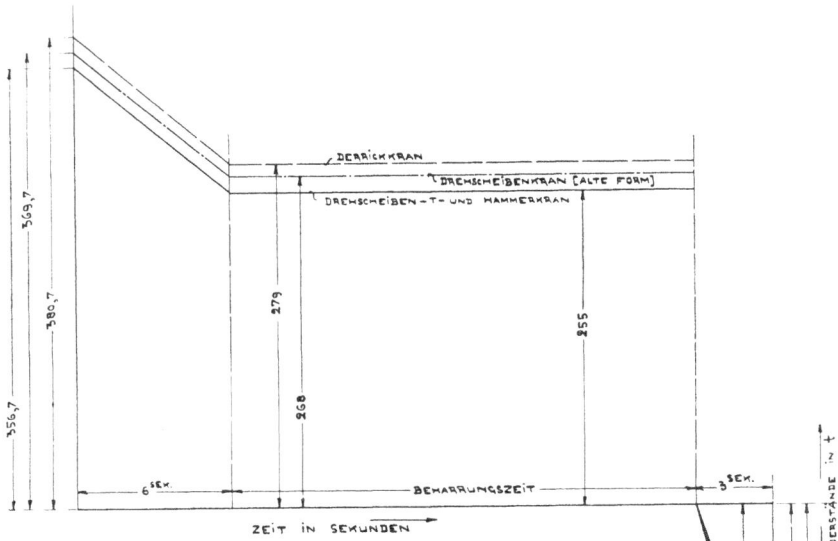

Fig. 67.

Widerstände der vollbelasteten Hubwerke am Haken gemessen.

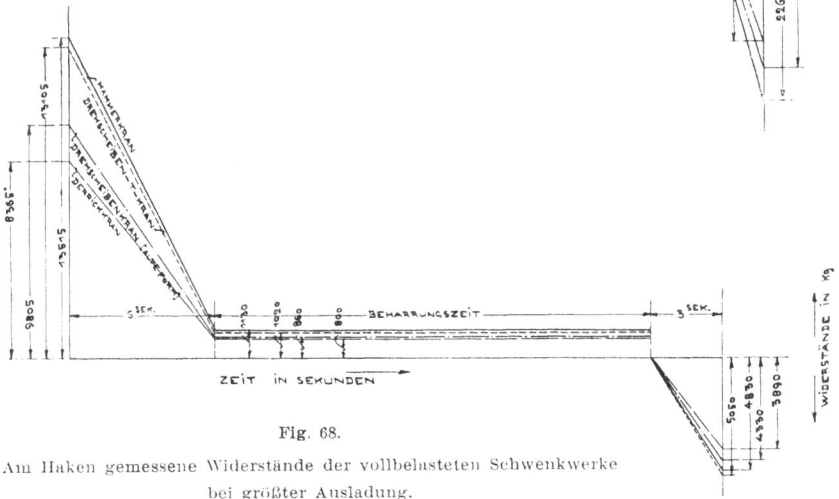

Fig. 68.

Am Haken gemessene Widerstände der vollbelasteten Schwenkwerke
bei größter Ausladung.

Die bisher besprochenen Diagramme zeigten nur die Widerstände der Anfahrzeit. Um gleichzeitig anzugeben, welche am Haken gemessenen Widerstände in dem darauf folgenden Beharrungszustand der Bewegung und während der Stoppzeit auftreten, sind beispielsweise für die Hub- und Schwenkwerke der 150 t-Krane besondere Diagramme. (Fig. 67 und 68) aufgezeichnet worden, die ein übersichtliches Bild einer vollständigen Hub- und Schwenkbewegung bei angehängter Höchstlast in gröfster Ausladung liefern. Dabei wurde wieder, wie früher, bei den Hubwerken eine gleichförmige Beschleunigung in 2 Sek. und bei den Schwenkwerken eine solche in 3 Sek. angenommen. Setzen wir dann allmählichen Übergang des Kraftbedarfs der Anfahrzeit in den Kraftbedarf des Beharrungszustandes voraus, so würde sich die Beschleunigungszeit statt auf 2, bzw. 3, auf 4, bzw. 6 Sek. erstrecken. Die Stoppzeit wurde für die Hub- und Schwenkwerke zu 3 Sek. gewählt. Sollen auch hier die Widerstände, und zwar während dieser Zeit von 3 Sek., allmählich anwachsen, so werden gegen Schlufs der Bewegung die doppelten mittleren Bremswiderstände vorhanden sein.

Aus diesen Diagrammen ist ersichtlich, dafs für die verschiedenen Krane die Widerstände der Beharrungszeit die gleiche Reihenfolge haben wie die Beschleunigungskräfte. Das war auch vorauszusehen, weil, wie schon früher bemerkt, die Beschleunigungswiderstände den Massen und diese wiederum in den meisten Fällen den Bewegungswiderständen der Beharrungszeit verhältnisgleich sind.

Die Widerstände der Stoppzeit zeigen meist die umgekehrte Reihenfolge, weil hier die sich aus den Verzögerungskräften ergebende Reibung von den abzubremsenden Kräften subtrahiert werden mufs.

In der vorliegenden Arbeit kam es vor allem darauf an, die verschiedenen Krane bezüglich ihrer Bewegungswiderstände, in anderen Worten also, bezüglich ihrer Stromkosten miteinander zu vergleichen. Bei der Anschaffung solcher grofsen Krane kommt es aber weniger auf die Stromkosten allein, als vielmehr auf die Gesamtkosten an, die sich zusammensetzen aus den Stromkosten, den Kosten für Tilgung und Verzinsung des Anlagekapitals, den Bedienungs- und den eventuellen Reparaturkosten.

Bei weitem am meisten ausschlaggebend sind dabei die Kosten für Tilgung und Verzinsung des Anlagekapitals. In der vorliegenden Arbeit wurden nur die Gesamtkosten für die 150 t-Krane für eine Arbeitsstunde berechnet und in Fig. 69 für eine verschiedene Anzahl jährlicher Arbeitsstunden zusammengestellt. Die jährlich abzuschreibende Tilgungssumme wurde dabei mit 4 % verzinslich festgesetzt und ferner angenommen, daſs die Fundamente und Eisenkonstruktionen nach 15 Jahren, der elektrische Teil und die Triebwerke nach 10 Jahren abgeschrieben sein müssen, weil sie dann etwa abgenutzt oder unmodern geworden sind.

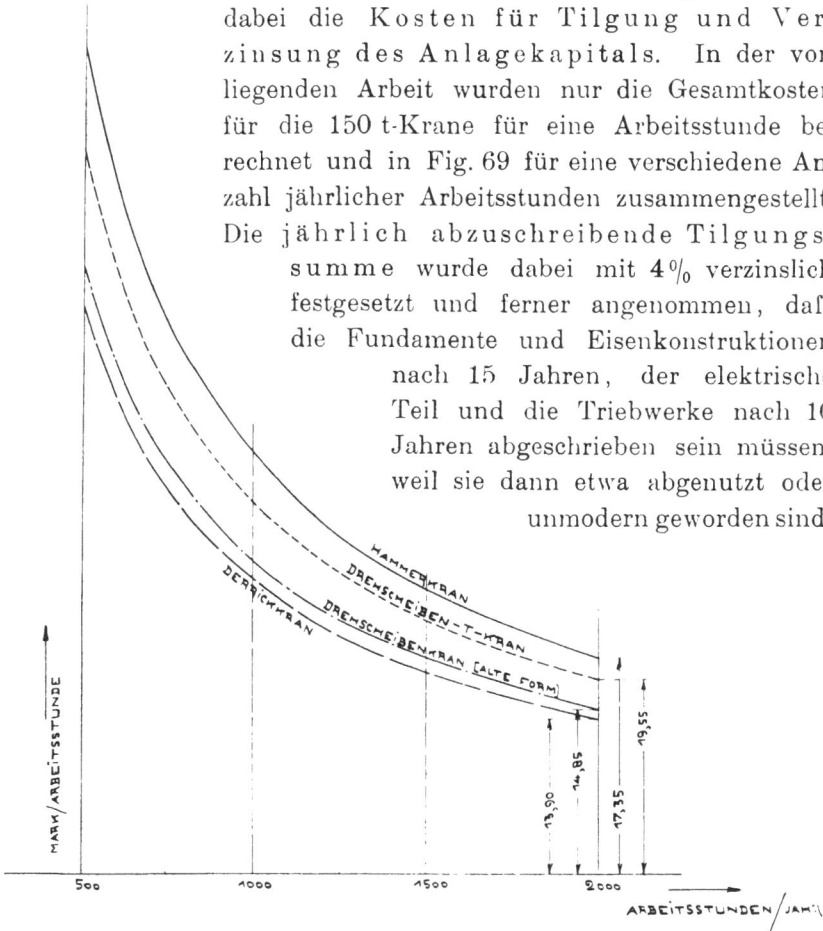

Fig. 69.
Gesamtkosten aus Tilgung, Verzinsung, Stromkosten und Bedienung/jährl. Arbeitsstde.

Ist z. B. K der Anschaffungswert der Kran-Eisenkonstruktion, so beträgt die jährliche Abschreibungssumme dafür

$$A = K \cdot \frac{1{,}04 - 1}{1{,}04^{15} - 1}.$$

Die Verzinsung des Anlagekapitals wurde zu 5 %/₀ festgesetzt und der Beitrag der Fundamentkosten zum Gesamtanschaffungspreis unter der Annahme bestimmt, dafs 1 qm Pfahlrost 70 M., 1 cbm Beton 30 M. kostet, und dafs von der Summe aus beiden noch etwa 30 %/₀, beim Derrickkran mit seinen getrennten Fundamenten noch etwa 60 %/₀ für Spundwände und Wasserhaltung hinzuzurechnen sind.

Die Bedienungs- und Reparaturkosten werden für alle hier behandelten Krane, soweit sie gleiche Tragfähigkeit haben, annähernd gleich grofs sein.

Bei der Berechnung der Stromkosten wurde angenommen, dafs alle Krane die Höchstlast von 150 t aus der Mitte eines 20 m breiten Schiffes um 10 m heben, sie dann bis zur Mitte des nächstliegenden Eisenbahngleises schwenken und endlich den leeren Haken bis Mitte Schiff zurückschwenken und darauf um 10 m senken sollen. Wird ein solches Kranspiel zugrunde gelegt, so berücksichtigen also die Stromkosten nicht nur die Gröfse der augenblicklichen Bewegungswiderstände entsprechend den früher aufgestellten Diagrammen, sondern zugleich auch die Dauer dieser Widerstände und damit die bei jedem

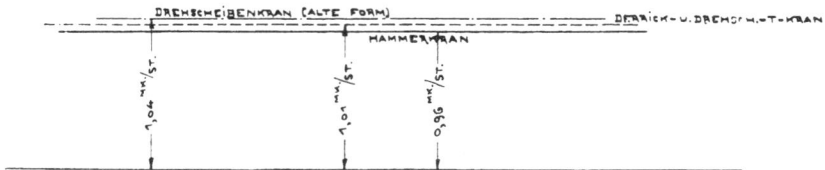

Fig. 70. Stromkosten/Stde.

Kran mögliche kleinste Entfernung der Eisenbahngleise von der Kaikante.

Den kleinsten Schwenkwinkel gestatten die Hammerkrane mit durch das feste Stützgerüst geführten Gleisen und die Derrickkrane, die beide einen Schwenkwinkel von $\alpha \backsim 45^0$ benötigen; dann folgen die Drehscheiben-T-Krane (neue Form) mit $\alpha \backsim 75^0$ und endlich die alten Drehscheibenkrane mit $\alpha \backsim 90^0$.

In Fig. 68 sind die stündlichen Stromkosten, die natürlich unabhängig von der Zahl der jährlichen Arbeitsstunden den gleichen Wert beibehalten, wegen ihrer geringen Gröfse nicht besonders angegeben und dafür in Fig. 70 in einem gröfseren Mafsstabe für sich dargestellt. Es wurde bei der Berechnung angenommen, dafs der Strom in eigener Zentrale erzeugt wird und der Preis für 1 KW/Std. 0,10 M. beträgt.

Die in Fig. 69 gegebene Aufstellung der Gesamtkosten läfst — soweit wir von den 150 t-Kranen auch auf die übrigen Krane schliefsen dürfen — erkennen, dafs auch hier die bei den Anfahrwiderständen der Schwenkbewegung beobachtete Reihenfolge bestehen bleibt. Die Hammerkrane erfordern also die gröfsten täglichen Unkosten, dann folgen die Drehscheiben-T-Krane (neue Form), die Drehscheibenkrane (alte Form) und schliefslich die Derrickkrane. Schliefsen wir die Derrickkrane von einem engeren Vergleich wegen ihres beschränkten Schwenkwinkels und deshalb aus, weil sie durch ihre Wippbewegung die Ausladung nur sehr langsam und nur mit grofsen Stromkosten verändern können, so zeigt sich, dafs die alten Drehscheibenkrane noch keineswegs so sehr von den neueren Kranen übertroffen werden, wie man gewöhnlich anzunehmen pflegt. Dafür besitzen allerdings die Laufkatzenkrane eine gröfsere Leistungsfähigkeit, weil sie mit geringen Stromkosten leicht ihre Hakenausladung verstellen können; aber anderseits steht doch jedenfalls so viel fest, dafs diese Mehrbewegung verhältnismäfsig teuer erkauft wird, und dafs in allen den Fällen, wo sie entbehrlich ist, die alten Drehscheibenkrane sehr wohl am Platze sein können, falls die mit ihnen verbundene Beschränkung des Kaiverkehrs und des Schiffsdurchfahrtsprofiles nicht als Mängel empfunden werden.

Die vorangegangenen Ausführungen lassen erkennen, dafs keine der hier erwähnten Krantypen ohne weiteres als die beste bezeichnet werden kann, denn sie alle erfüllen ihren besonderen Zweck. Da aber grofse Lasten verhältnismäfsig selten befördert werden müssen, so sind in Häfen und auf Werften auch immer nur wenige Schwerlastkrane vorhanden. Im allgemeinen wird man also dafür Sorge tragen, dafs diese wenigen Krane eine

6*

möglichst grofse Verwendungsfähigkeit bei möglichst geringem Kraftbedarf besitzen. In dieser Beziehung sind aber die Laufkatzenkrane allen anderen überlegen, und man könnte nur noch im Zweifel sein, ob den Drehscheiben-T-Kranen, oder den Hammerkranen der Vorzug zu geben wäre. Die Praxis hat sich für die letzteren entschieden, einmal aus den schon angeführten Gründen und dann auch wohl deshalb, weil sie ein gefälligeres Aussehen haben und dem Beschauer ein gröfseres Gefühl der Sicherheit geben.

Alle wesentlichen Neuerungen, die sich in der Bauart schwerer Werft- und Hafendrehkrane in den letzten Jahren vollzogen haben, sind in dieser Arbeit behandelt worden. Wenn auch sonst im Hebezeugbau ein zum Teil erfolgreicher Wettbewerb der amerikanischen Industrie, namentlich soweit sie die Förderung von Massengütern betrifft, wahrgenommen werden kann, so ist doch hier darauf hinzuweisen, dafs in der Vervollkommnung und Neugestaltung der Schwerlast-Drehkrane für den Werft- und Hafenverkehr Deutschland bahnbrechend vorangegangen ist und die Ausfuhr dieser Krane übernommen hat.

Welche Vorteile aber mit manchen der deutschen Neukonstruktionen verbunden sind, zeigt beispielsweise ein Vergleich zwischen dem schon erwähnten Bremerhavener Hammerkran (Taf. II, Fig. 26), dessen Preis bei einer Höhe von 35 m, einer Ausladung von 22 m und einer Tragfähigkeit von 150 t etwa M. 190000 betrug, und dem englischen Drehscheibenkran[1]) auf dem Hafendamm Finnieston in Glasgow, der bei kleinerer Leistungsfähigkeit M. 320000 kostete, obwohl seine Tragkraft nur rund 130 t, die zugehörige Ausladung nur 19,8 m und die entsprechende Rollenkopfhöhe nur 30,5 m beträgt. Der gewaltige Preisunterschied wird allerdings nicht nur durch die Verschiedenartigkeit der Konstruktion allein bedingt sein, sondern, da der englische Kran schon seit 1893 fertiggestellt ist, zum Teil auch mit den billigeren Arbeitsmethoden und geringeren Materialpreisen der neueren Zeit zusammenhängen.

---

[1]) Dingler 1896, April, S. 76 ff.

In gleichem Maſse wie zukünftig die Seehäfen und ihre Zu-fahrtsstraſsen vertieft werden, werden auch die Schiffsabmessungen und damit die Gewichte der Einzelfrachten zunehmen. Die not-wendige Folge davon wird sein, daſs auch die späteren Werft- und Hafenkrane eine weitere Steigerung ihrer Tragfähigkeit und Ausladung erfahren. Aber trotz der groſsen Fortschritte, die bisher erzielt worden sind, ist sicherlich anzunehmen, daſs noch manche Neukonstruktionen auftauchen werden, und daſs selbst die heute vorherrschenden Hammerkrane in ihrer endgültigen Gestalt noch keineswegs vorliegen.

Fig. 1.

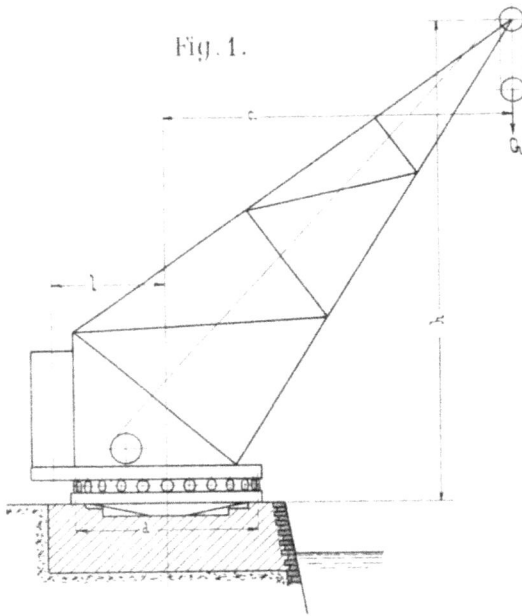

Fig. 2.

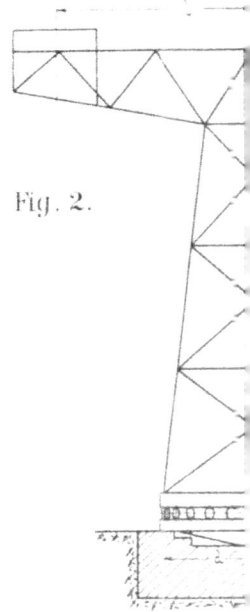

Fig. 3.

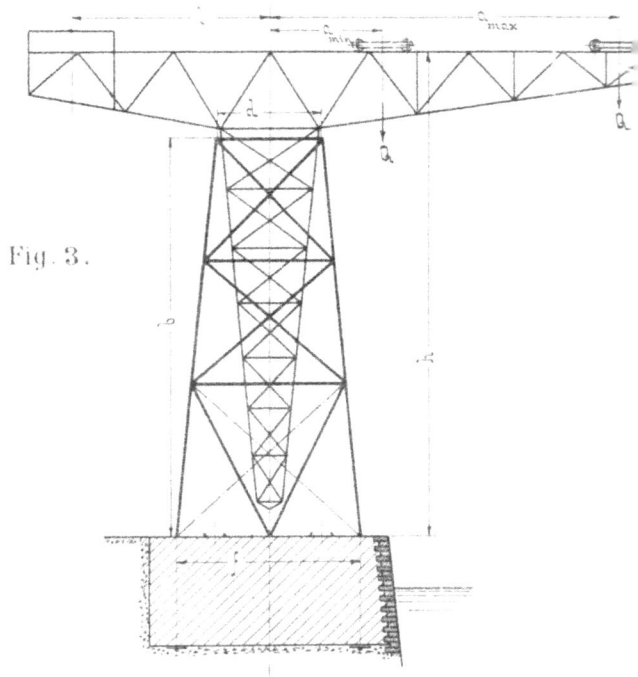

Verlag von R. O.

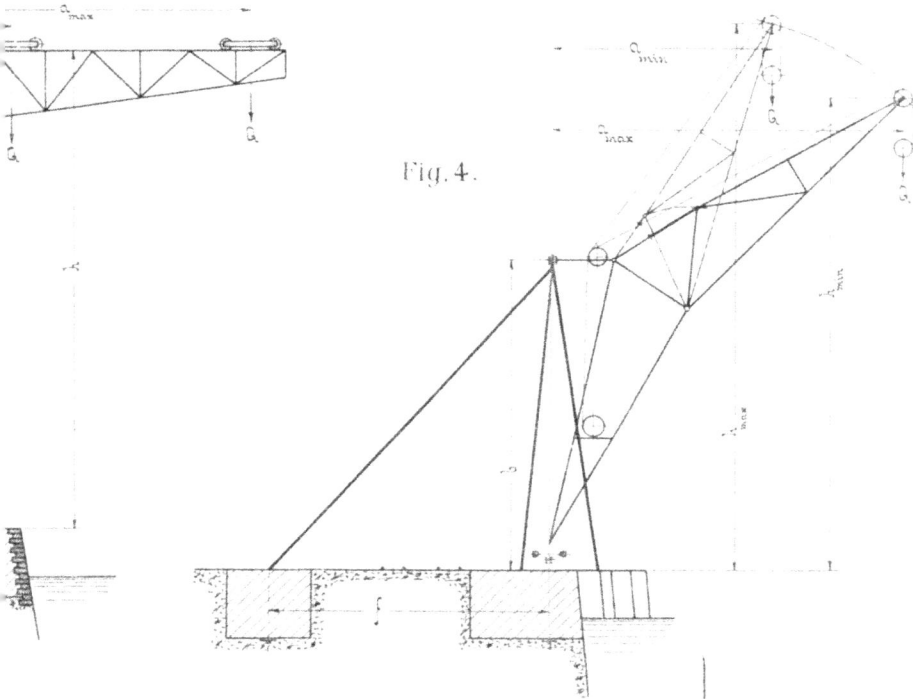

Fig. 4.

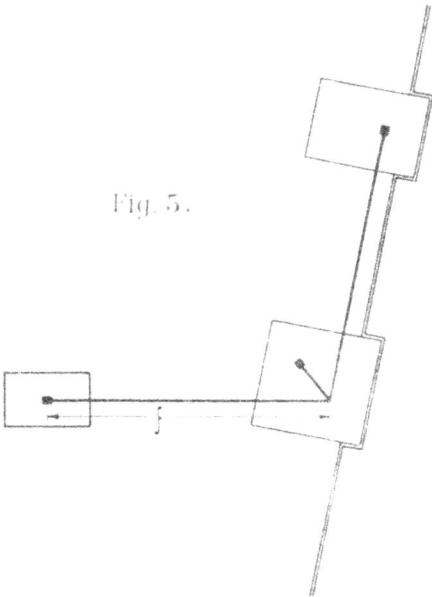

Fig. 5.

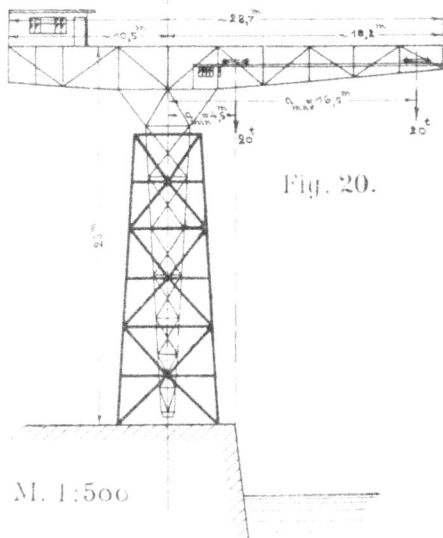

Fig. 20.

M. 1:500

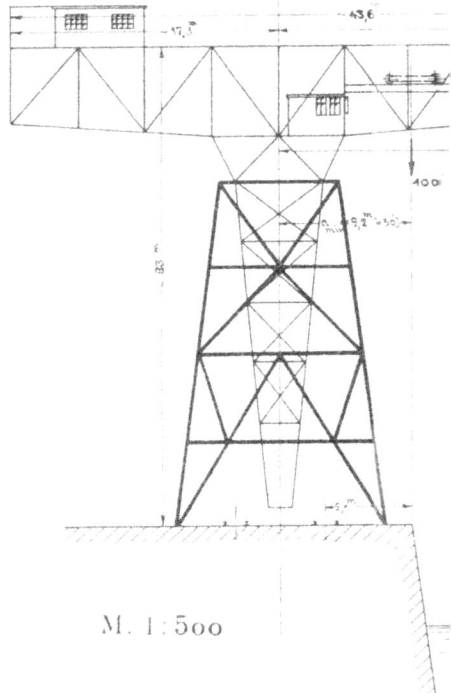

M. 1:500

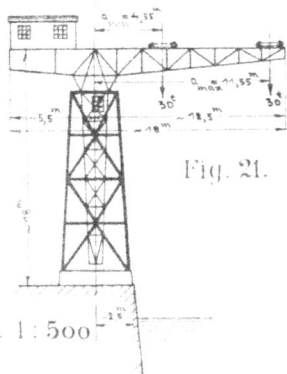

Fig. 21.

M. 1:500

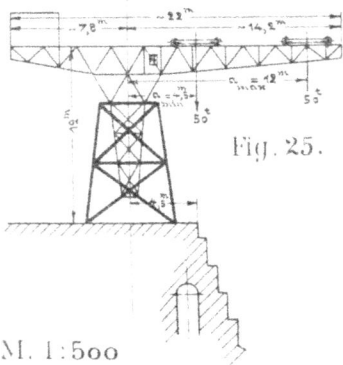

Fig. 25.

M. 1:500

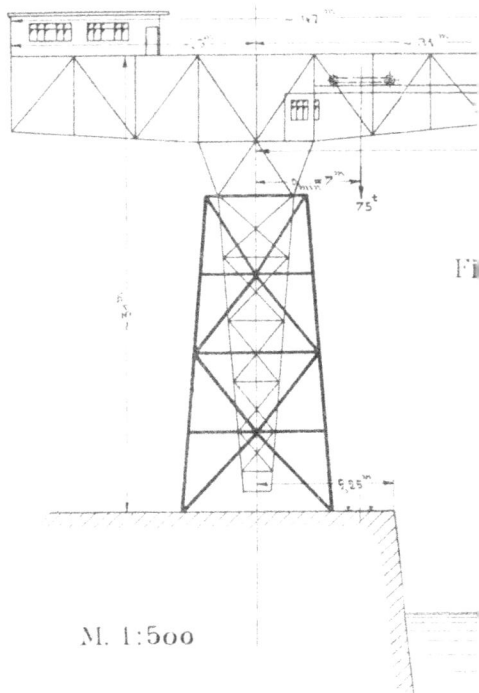

M. 1:500

Verlag von R. Olden

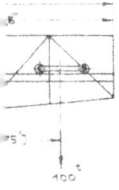

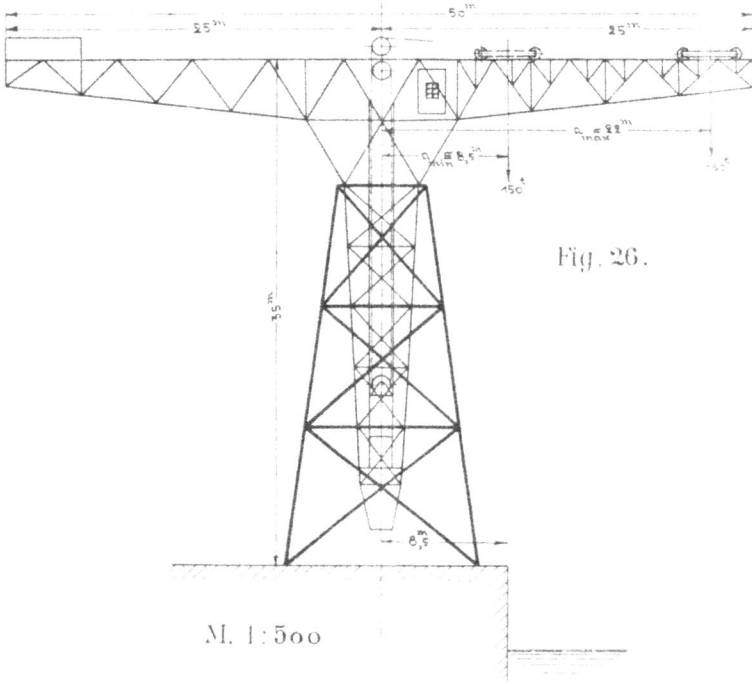

Fig. 26.

M. 1:500

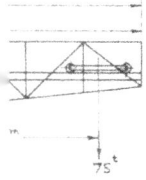

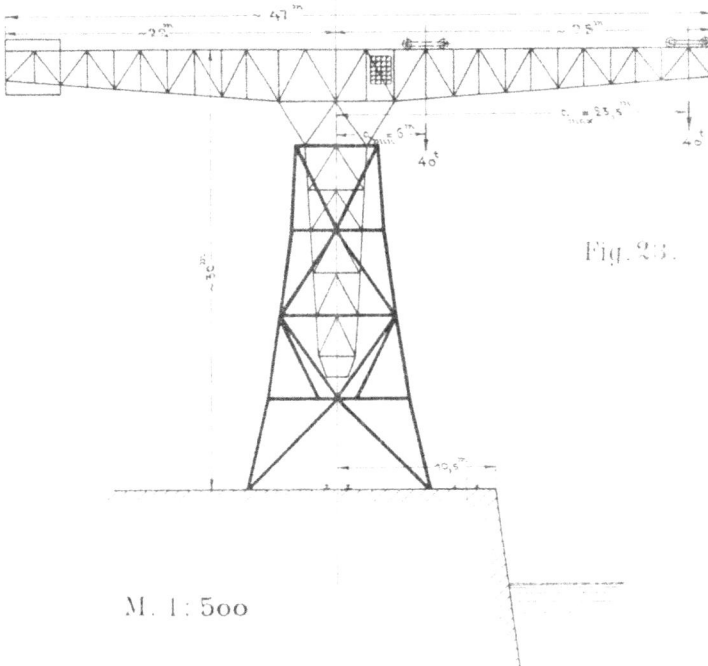

Fig. 25.

M. 1:500

en u Berlin.

Fig. 27.

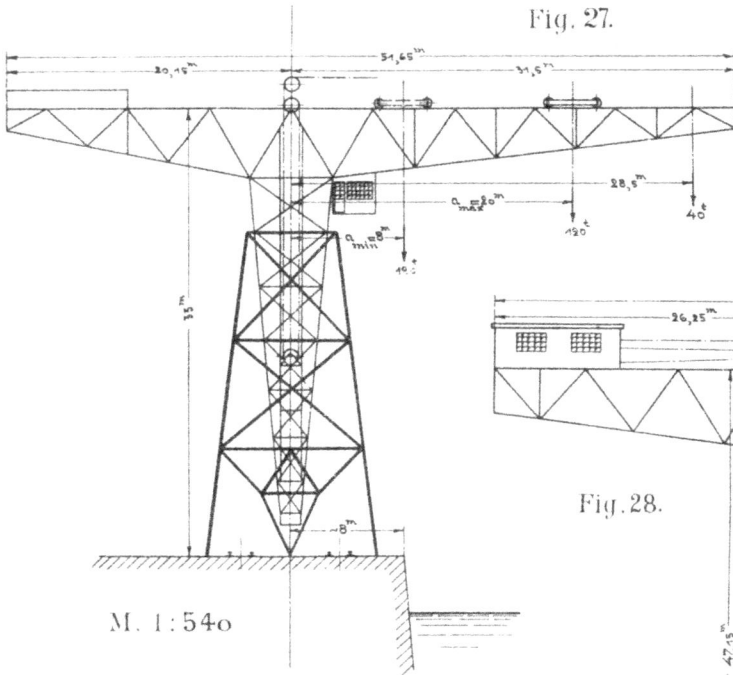

M. 1 : 540

Fig. 28.

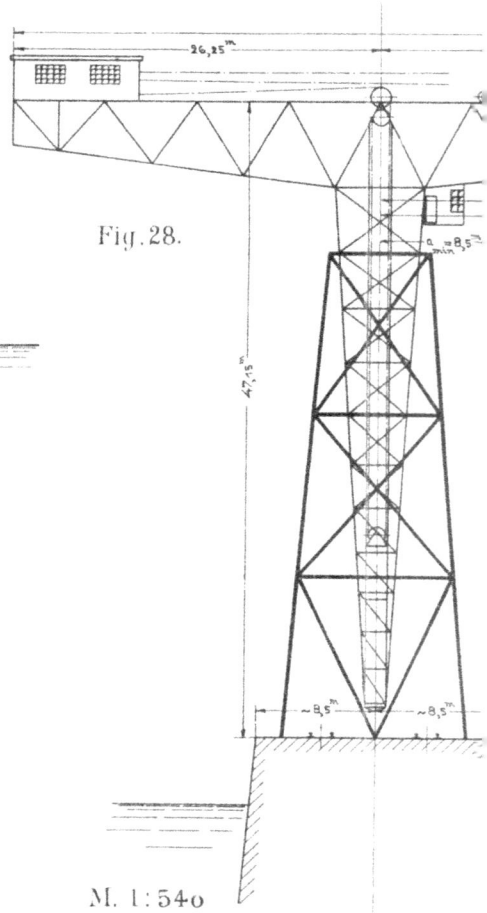

M. 1 : 540

Verlag von R. Olc

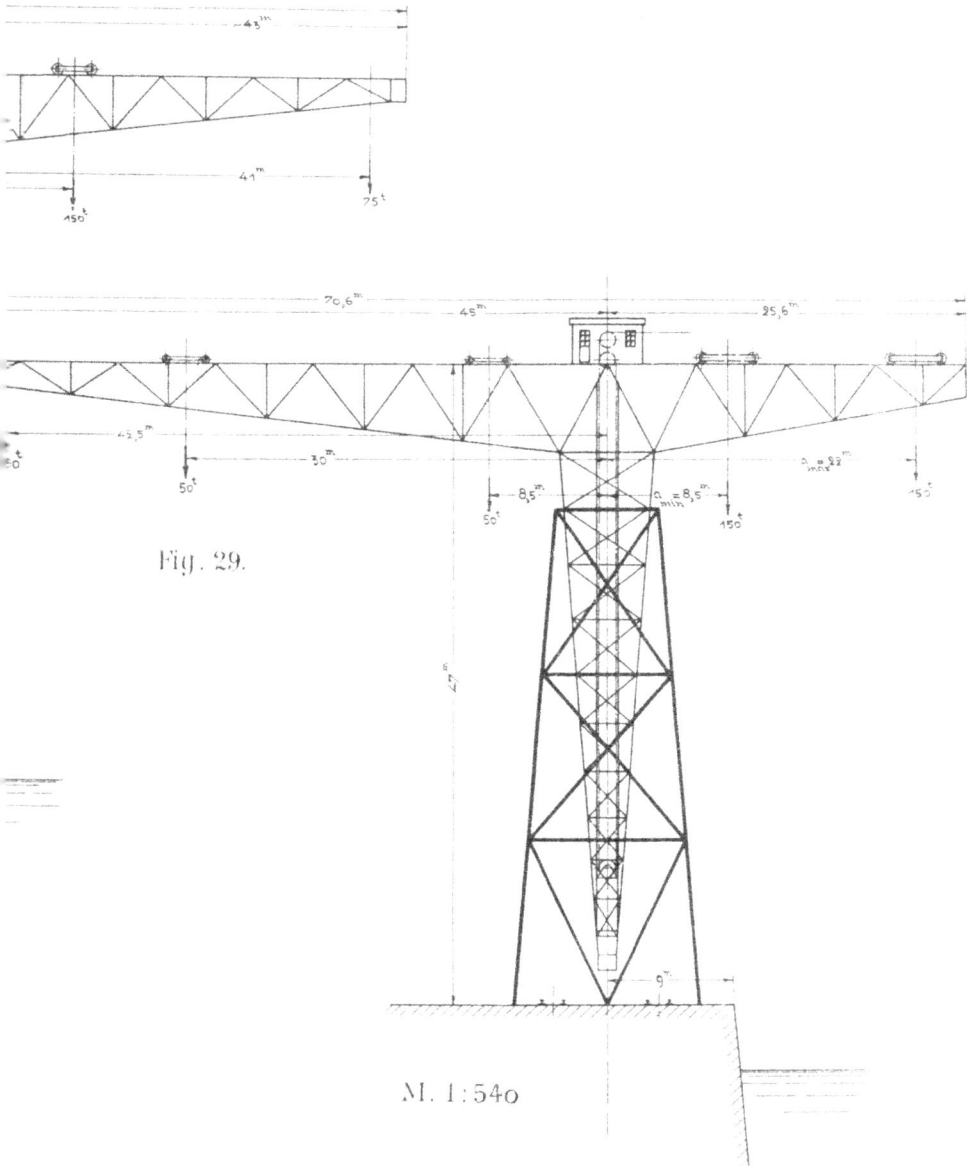

Fig. 29.

M. 1:54o

Schürmann, Schwerlast-Drehkrane.

Fig. 30.

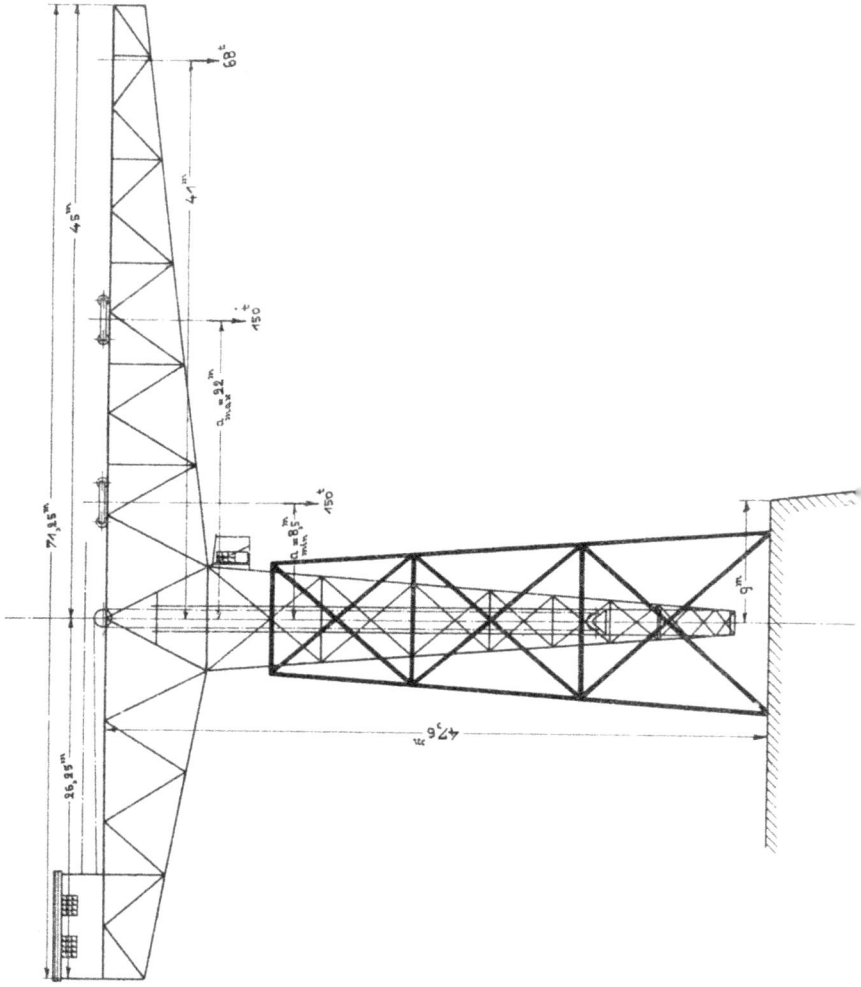

Fig. 31.

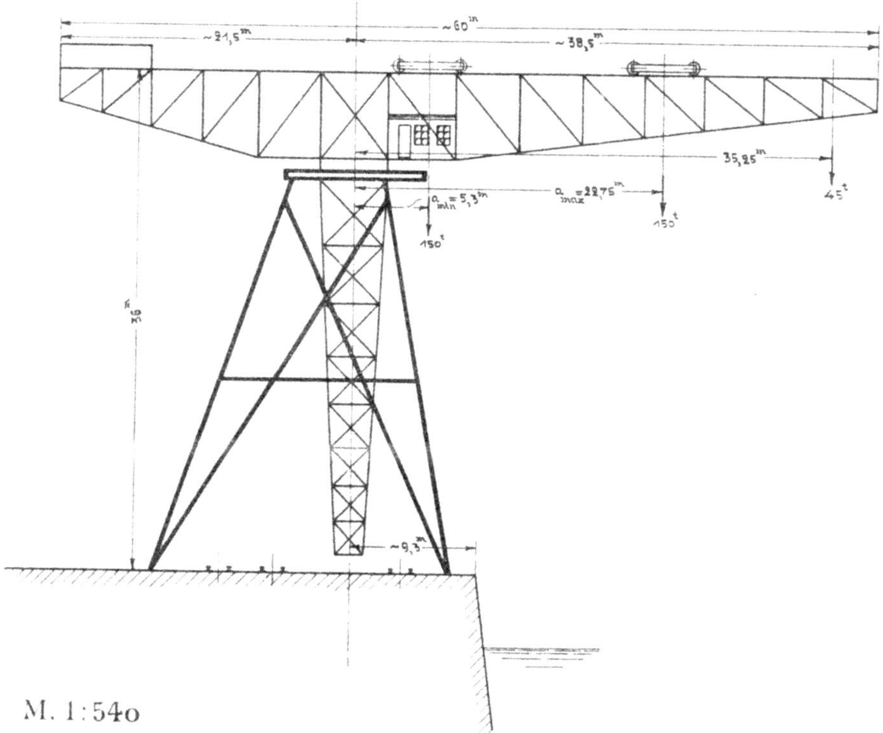

M. 1 : 540

Verlag von R. Oldenbourg München u. Berlin.

Diagramme der Hubwerke.

Die Werte a' und w' gelten für die Drehscheiben-T- u. Hammerkrane,
die Werte a" und w" für die Derrickkrane.

Fig. 45.

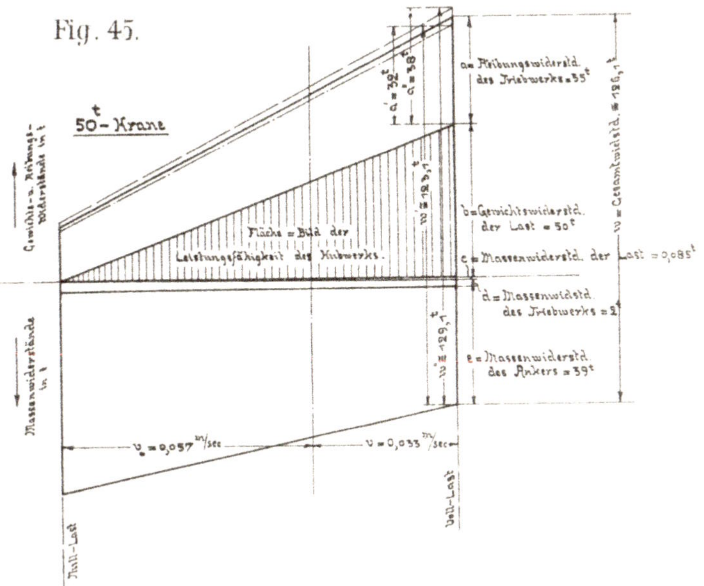

50-Krane

Fig. 46.

100-Krane

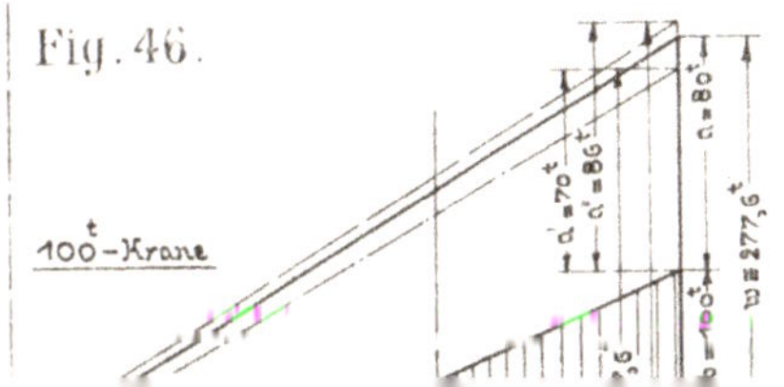

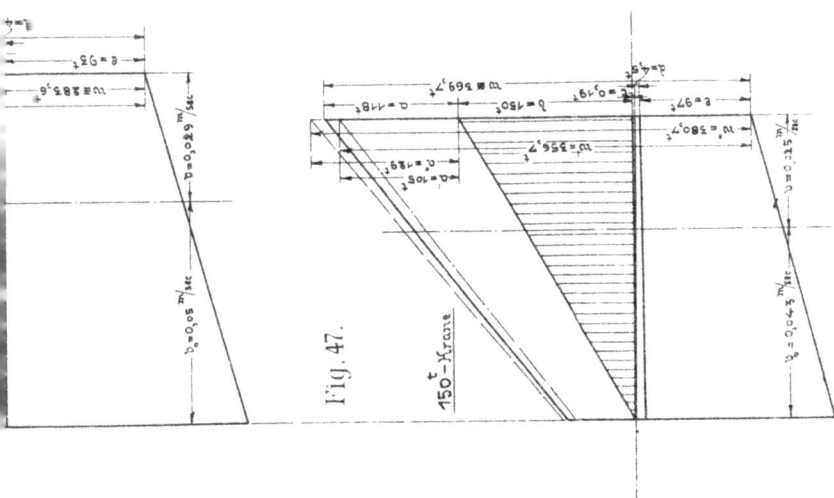

Fig. 47.

150-t-Krane

Verlag von R. Oldenbourg München u Berlin

Diagramme der Schwenkwerke:

Drehscheibenkrane [alte Form]

Fig. 48.

50ᵗ-Kran

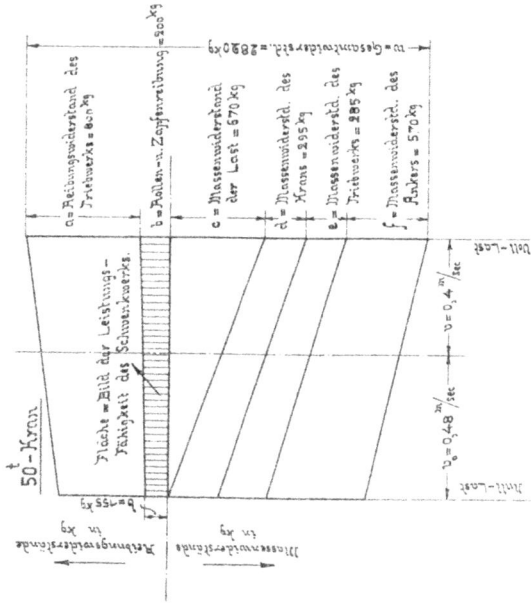

a = Reibungswiderstand des Drehwerks = 80 kg

b = Rollen-u. Zapfenreibung = 800 kg

c = Massenwiderstand der Last = 570 kg

d = Massenwiderstd. des Krans = 295 kg

e = Massenwiderstd. des Drehwerks = 285 kg

f = Massenwiderstd. des Ankers = 570 kg

m = Gesamtwiderstd. = 2580 kg

Fläche = Bild der Leistungs-Fähigkeit des Schwenkwerkes.

b = 755 kg

voll-Last

null-Last

$v_0 = 0,48 \frac{m}{sec}$ $v = 0,4 \frac{m}{sec}$

Reibungswiderstände in kg

Massenwiderstände in kg

Fig. 49.

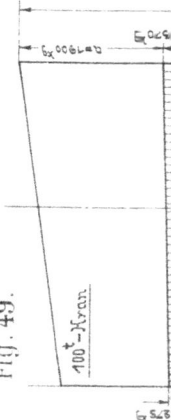

100ᵗ-Kran

a = 1800 kg

90 kg

45 kg

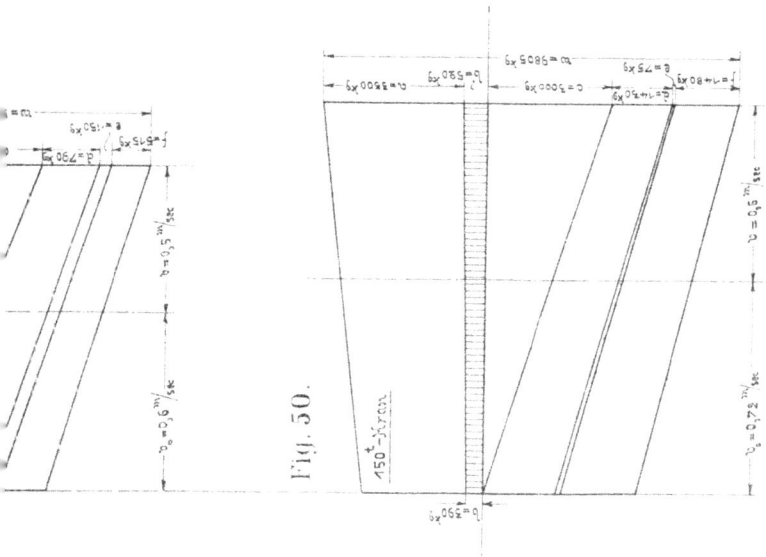

Fig. 50.

450^t-Kran

Verlag von R. Oldenbourg München u. Berlin

Diagramme der Schwenkwerke:

__Drehscheibenkrane-T-Krane [neue Form]__

$\underline{50^{t}-Kran}$

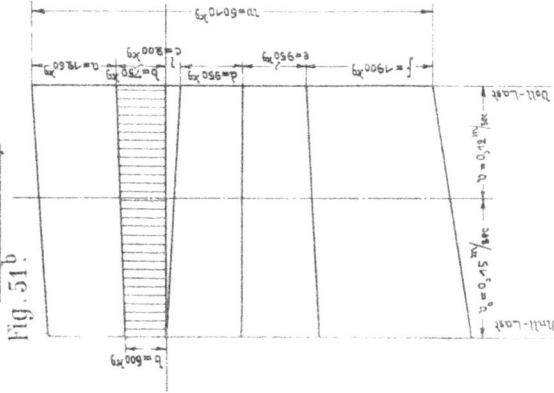

Kleinste Ausladung
Fig. 51 b.

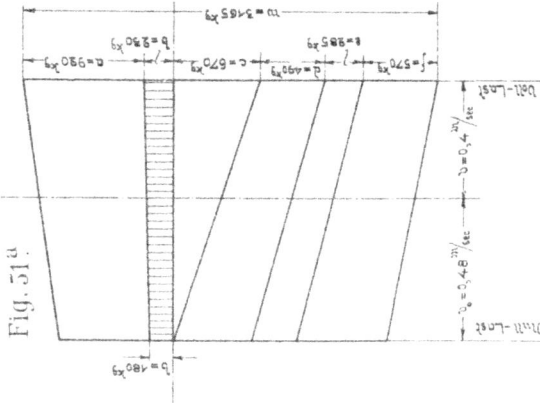

Grösste Ausladung
Fig. 51 a.

$100^{t}-Kran$

Fig. 52 b.

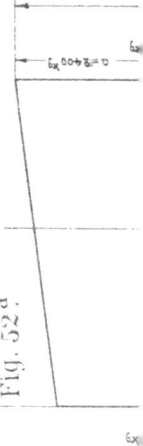

Fig. 52 a.

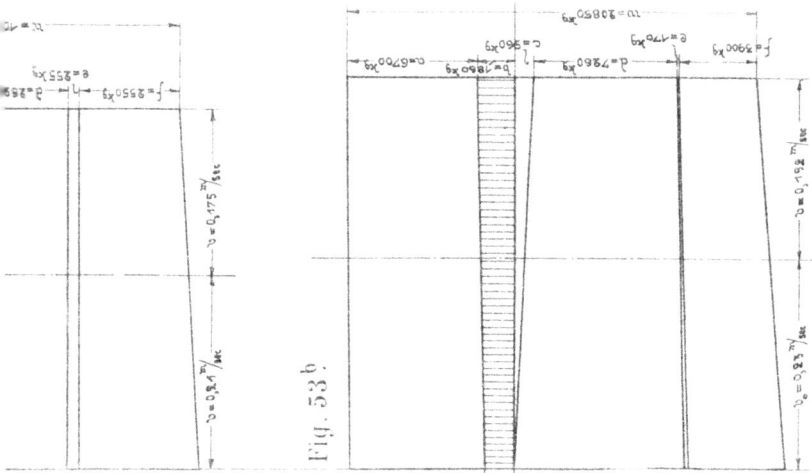

Fiq. 53ᵇ.

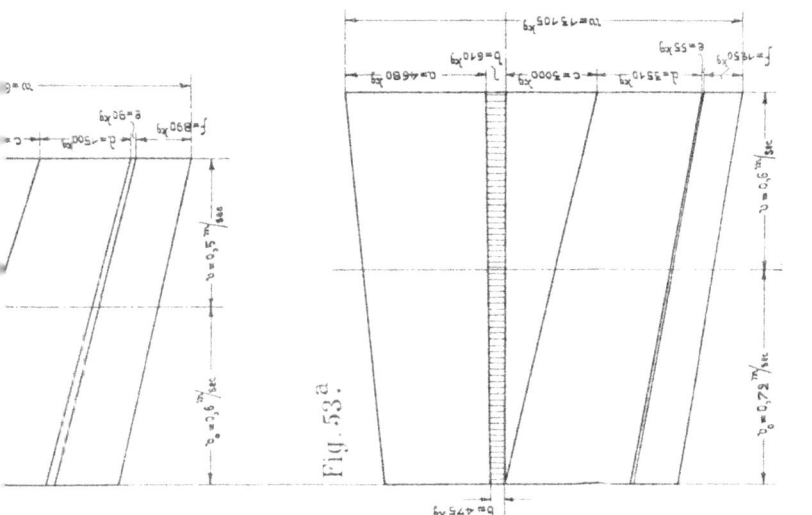

Fiq. 53ᵃ.

150-Kran.

Verlag von R. Oldenbourg München u. Berlin

Schürmann, Schwerlast-Drehkrane.

Diagramme der Schwerkwerke:

Hammerkrane

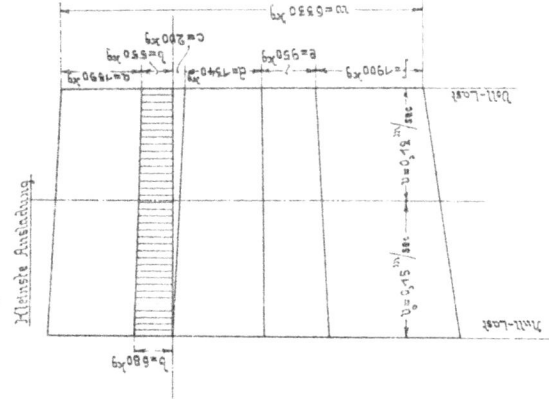

Fig. 54ᵇ.

Kleinste Ausladung

$w = 6930 \,^{kg}$

$a = 1850 \,^{kg}$
$b = 550 \,^{kg}$
$c = 200 \,^{kg}$
$d = 740 \,^{kg}$
$e = 950 \,^{kg}$
$f = 1900 \,^{kg}$

$v_0 = 0,15 \,^{m}/sec$

$v = 0,1 \,^{m}/sec$

Voll-Last

Null-Last

$b = 680 \,^{kg}$

$\frac{t}{50 - Kran}$

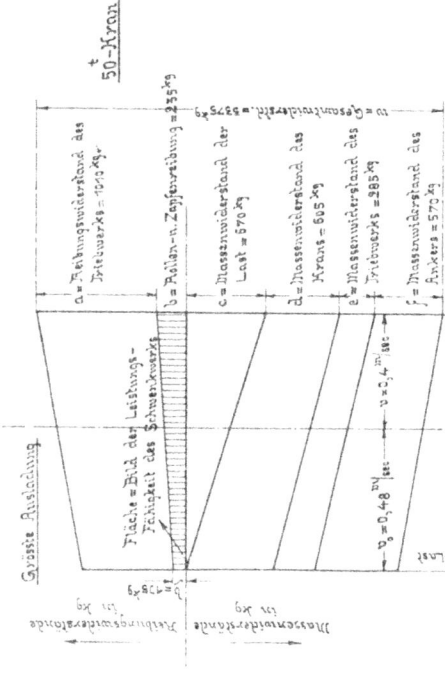

Fig. 54ᵃ.

Grösste Ausladung

$a = $ Reibungswiderstand des Triebwerks = 1010 ^{kg}
$b = $ Rollen- u. Zapfenreibung = 235 ^{kg}
$c = $ Massenwiderstand der Last = 570 ^{kg}
$d = $ Massenwiderstand des Krans = 505 ^{kg}
$e = $ Massenwiderstand des Triebwerks = 385 ^{kg}
$f = $ Massenwiderstand des Ankers = 570 ^{kg}

$w = $ Gesamtwiderstand = 3375 ^{kg}

Fläche = Bild der Leistungs-Fähigkeit des Schwerkwerks

Massenwiderstände $in \,^{kg}$ | Reibungswiderstände $in \,^{kg}$

$b = 735 \,^{kg}$

$v_0 = 0,48 \,^{m}/sec$

$v = 0,4 \,^{m}/sec$

Voll-Last

Null-Last

Fig. 55ᵃ.

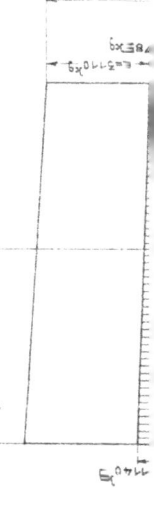

$a = 4540 \,^{kg}$

$g = 980 \,^{kg}$

$100 - Kran$

Fig. 55ᵇ.

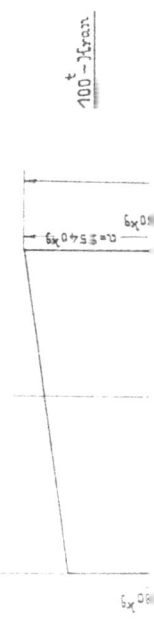

$e = 5110 \,^{kg}$
$g = 985 \,^{kg}$

$g = 1140 \,^{kg}$

Null-Last

Voll-Last

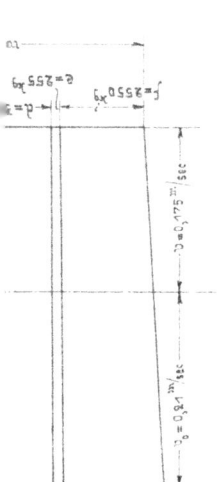

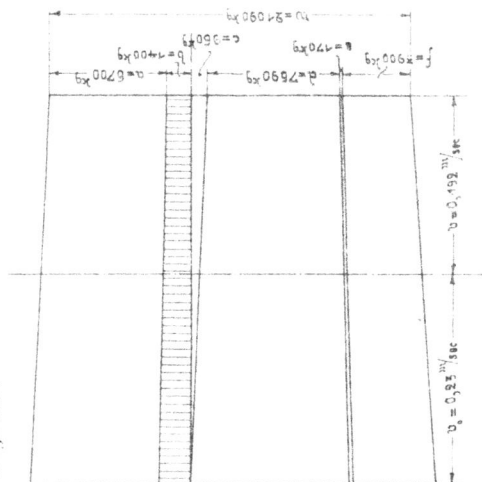

Fig. 56.b.

150-Kran

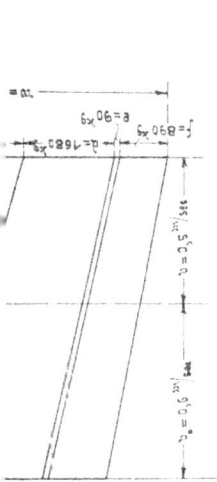

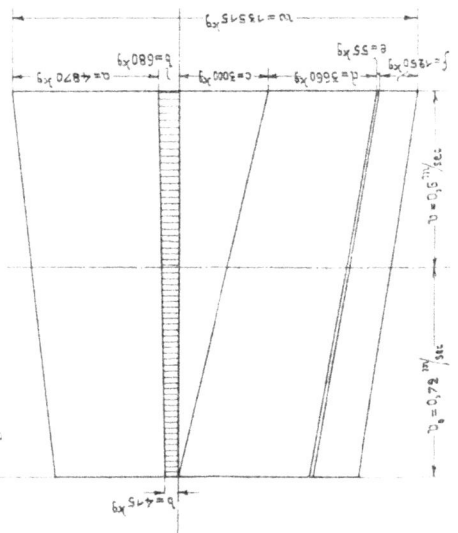

Fig. 56.a.

Verlag von R. Oldenbourg München u. Berlin

Diagramme der Schwerkwerke:

Derrickkrane

50t-Kran

$\dfrac{100^t}{\text{-Kran}}$

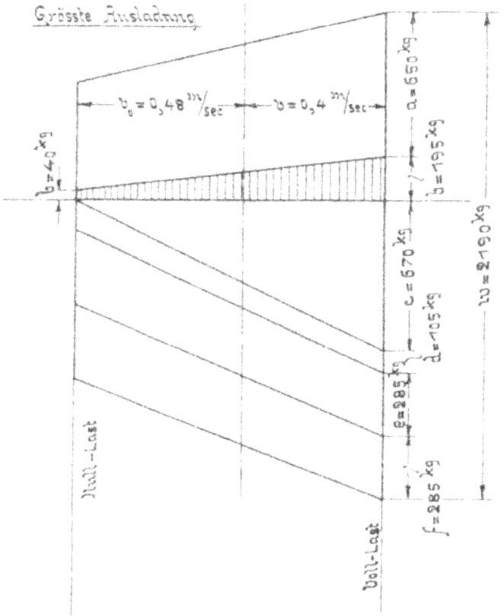

Fig. 57.ᵇ

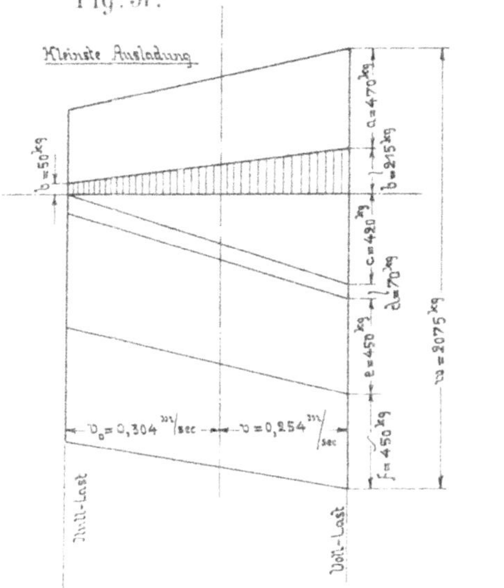

Fig. 57.ᵃ

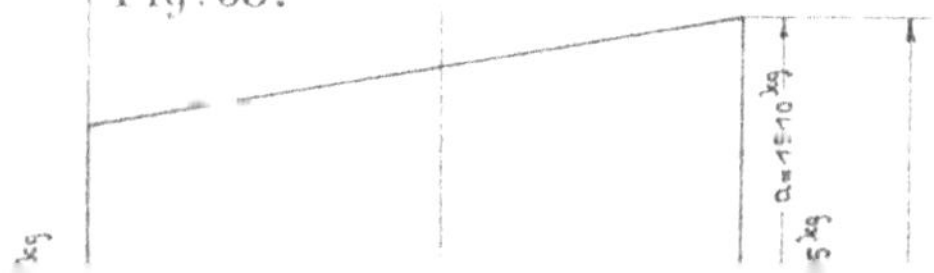

Fig. 58.ᵇ

Fig. 58.ᵃ

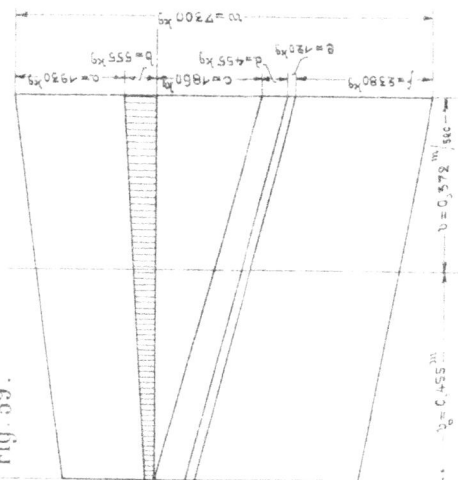

Fig. 59.^b

150-Kran.

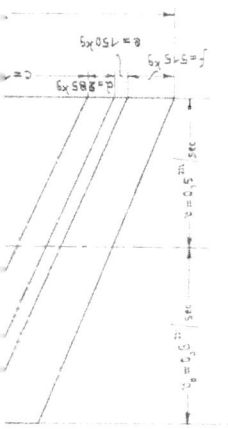

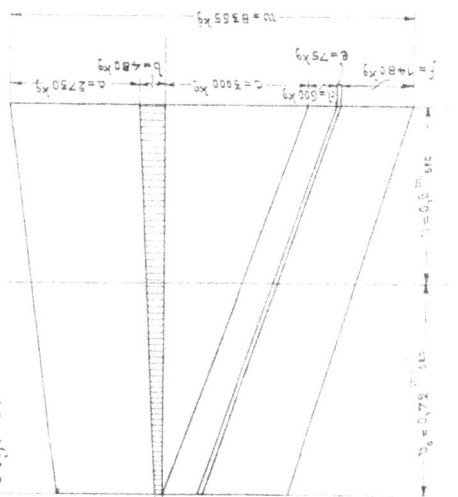

Fig. 59^a.

Verlag von R. Oldenbourg München u. Berlin

Diagramme des Schwenkwerkes:

15ᵗ-Hammerkran mit unsymmetrischem
Stützgerüst

Fig. 60ᵃ

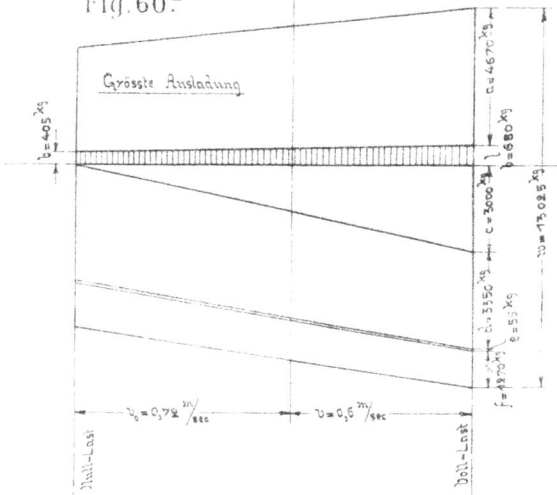

Fig. 60ᵇ

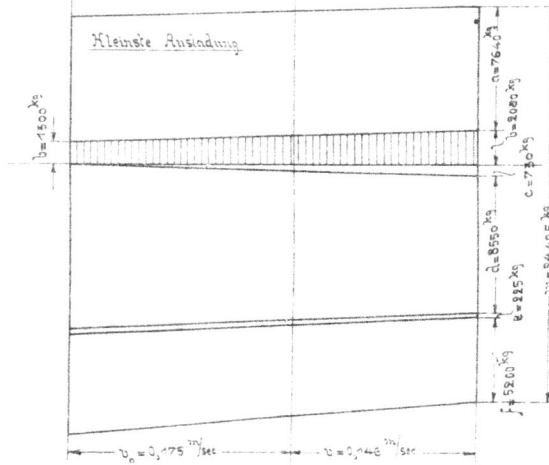

Verlag von R. Oldenbourg München u. Berlin.

Schürmann, Schwerlast-Drehkrane.

Taf. XI.

Diagramme der Laufwerke für den Beharrungszustand der Schwenkbewegung.

Die Werte b und w gelten für den 150t-Hammerkran mit unsymmetrischem Stützgerüst.

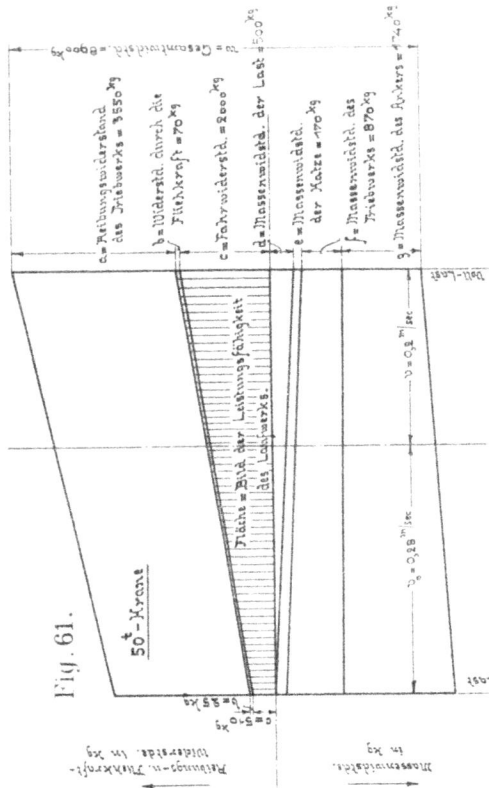

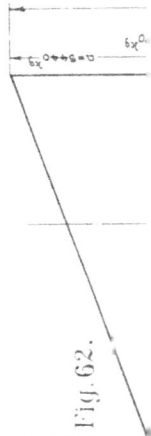

Fig. 61.

$\dfrac{t}{50\text{-Krane}}$

$a =$ Reibungswiderstand des Drehwerks $= 3550$ kg
$b =$ Widerstd. durch die Fühlkraft $= 70$ kg
$c =$ Fahrwiderstd. $= 2000$ kg
$d =$ Massenwiderstd. der Last $= 500$ kg
$e =$ Massenwiderstd. der Katze $= 170$ kg
$f =$ Massenwiderstd. des Drehwerks $= 870$ kg
$g =$ Massenwiderstd. des Auslegers $= 1740$ kg

$w =$ Gesamtwiderstd. $= 8900$ kg

$v = 0{,}4$ m/sec.

$v_0 = 0{,}28$ m/sec.

Fläche $=$ Bild der Leistungsfähigkeit des Laufwerks.

$a = \dfrac{c}{1}$; $b = \dfrac{0.5}{5}$ kg

Reibungs- u. Zugkraft-Widerstände in kg

Massenwiderstde. in kg

Voll-Last

Null-Last

Fig. 62.

q_0 kg

$a = 9440$ kg

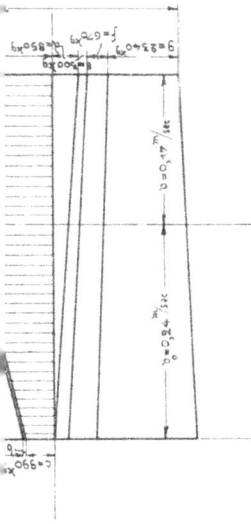
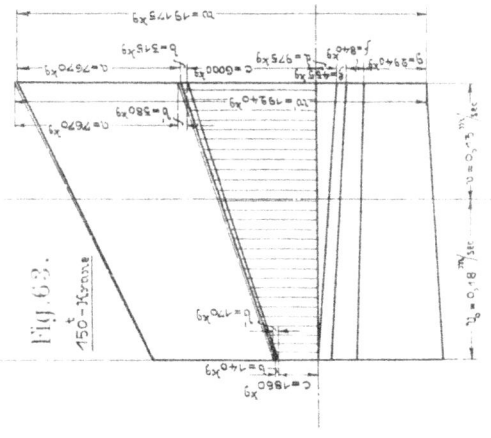

Fig 63.
150-Krone

Verlag von R. Oldenbourg München u. Berlin

Diagramme der Wippwerke bei grösster Ausladung.

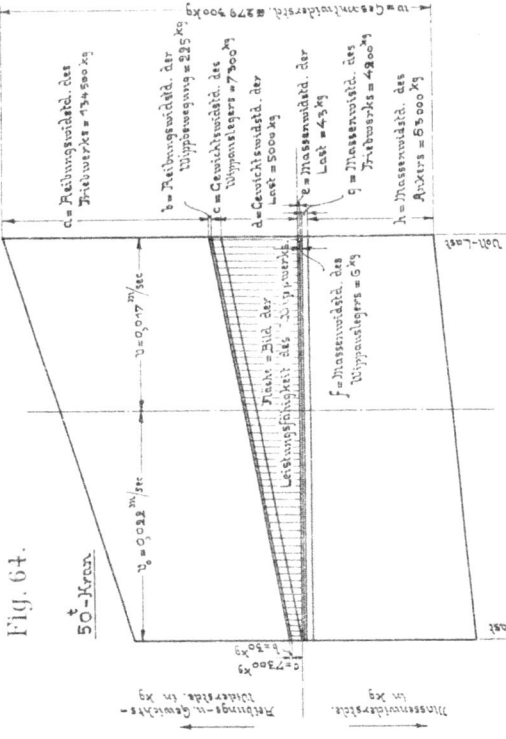

Fig. 64.

50-Kran

a = Reibungswidstd. des Triebwerks = 13 500 kg

b = Reibungswidstd. der Wippbewegung = 225 kg

c = Gewichtswidstd. des Wippanstegers = 7300 kg

d = Gewichtswidstd. der Last = 5000 kg

e = Massenwidstd. der Last = 43 kg

f = Massenwidstd. des Wippanstegers = 6 kg

g = Massenwidstd. des Drehwerks = 4800 kg

h = Massenwidstd. des Ankers = 65 000 kg

in Gesamtwidstd. = 279 900 kg

$v = 0{,}017$ m/sec

$v = 0{,}012$ m/sec

$c = 730$ kg

$b = 30$ kg

Voll-Last

Null-Last

Raake = Bild der Leistungsfähigkeit des Wippwerks

Reibungs- u. Gewichts-widerstde. in kg

Massenwiderstde. in kg

Fig. 65.

100^t-Kran

$a = 278\,000$ kg

11 300 kg

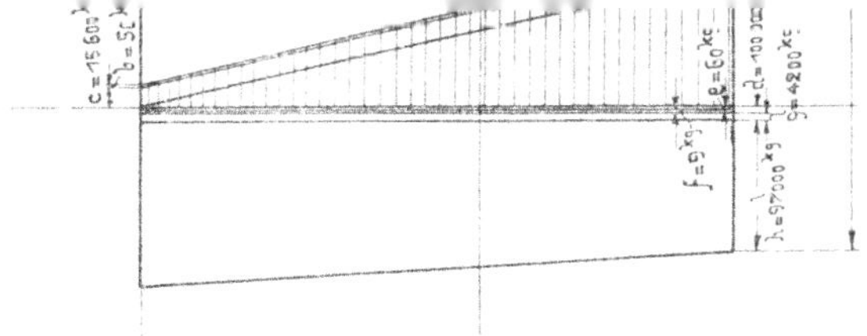

Fig. 66.

$v_0 = 0.0104 \text{ m/sec}$

$v = 0.008 \text{ m/sec}$

150ᵗ-Kran

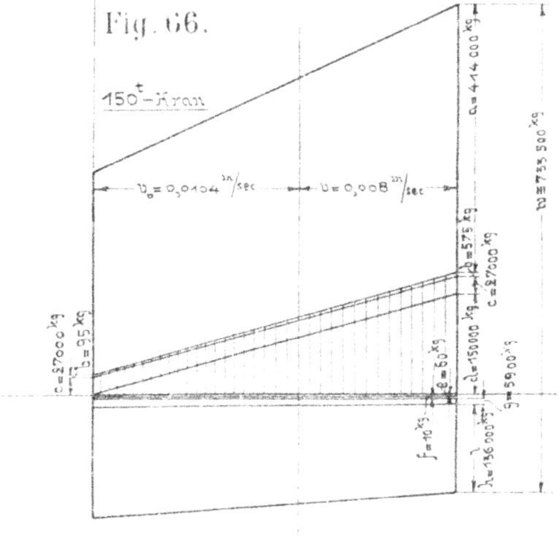

Verlag von R. Oldenbourg München u. Berlin

www.ingramcontent.com/pod-product-compliance
Lightning Source LLC
Chambersburg PA
CBHW031449180326

41458CB00002B/703